U0078093

複雜性科學與計算模型設計
第二版

Think Complexity
Complexity Science and Computational Modeling

Allen B. Downey 著

楊尊一 譯

© 2018 GOTOP Information, Inc. Authorized Chinese Complex translation of the English edition of Think Complexity, 2nd Edition ISBN 9781492040200 © 2018 Allen B. Downey. This translation is published and sold by permission of O'Reilly Media, Inc., which owns or controls all rights to publish and sell the same.

目錄

前言

複雜性科學是涵蓋數學、電腦科學、自然科學的綜合性領域，它專注於有許多互動元件的**複雜系統**。

複雜性科學的核心工具之一是離散模型，包括網路與圖、細胞自動機、代理人基模型。這些工具在自然與社會科學中很有用，有時候還涵蓋人文藝術。

複雜性科學的概要見 *https://thinkcomplex.com/complex*。

為什麼要學習複雜性科學？以下是幾個原因：

- 複雜性科學很實用，特別是用於解釋自然與社會系統的行為。從牛頓起，物理數學就專注於少量元件與簡單互動的系統。這些模型在某些應用中非常有效，例如天體力學，而對經濟等則比較無效。複雜性科學提供另一種可接受的模型工具。

- 許多複雜性科學的結果出乎意料；本書反覆出現的主題是簡單模型可產生複雜行為，有時我們可以用簡單模型解釋真實世界中的複雜行為。

- 如第 1 章所述，複雜性科學是科學實踐緩慢轉變的核心，也是我們認為的科學的變化核心。

- 複雜性科學的研究提供學習多種物理與社會系統、發展與應用程式設計技巧、思考科學哲學基本問題的機會。

閱讀本書並進行練習讓你有機會探索你未曾遇過的主題與想法、練習 Python 程式設計、學習更多的資料結構與演算法。

本書內容包括：

技術性細節

> 大部分複雜性科學讀物是為了大眾寫作。它們省略了技術性細節，這對有能力處理它們的人會很失望。這本書包含認識模型如何運作所需的程式碼、數學、說明。

深度讀物

> 本書列出深度讀物，包括引用論文（大部分有電子檔）、相關維基主題、其他資源。

Jupyter notebook

> 每一章都有包含程式碼、額外範例、與動畫的 Jupyter notebook，以供你觀察模型的實際運作。

連線與解答

> 每一章最後附練習與解答。

書中大部分連結為 URL 重新導向。這種機制雖然會隱藏目的地，但能縮短 URL。更重要的是它能讓我更新。若發現連結失效請讓我知道以便更新。

本書讀者

範例以 Python 撰寫。你應該要熟悉 Python 的物件導向，特別是使用與定義類別。

若不熟悉 Python，可從《*Think Python | 學習程式設計的思考概念*》開始，它適合沒有寫過程式的人。若你已經熟悉其他程式設計語言，有很多 Python 讀物與線上資源可參考。

本書使用 NumPy、SciPy、NetworkX，出現時我會加以說明。

我假設讀者懂一點數學：有些地方會用到對數與向量，就這麼多。

第一版後的修改

第二版加上演化與合作演化二章。

在第一版中，每章都介紹了一個主題的背景，並提出了讀者可以進行的實驗。我在第二版做了那些實驗。每一章都以實際範例的形式介紹了實作和結果，也為讀者提供了額外的實驗。

第二版將部分程式碼改為 NumPy 與 NetworkX 標準函式庫。這麼做使程式更清晰也更有效率，並讓讀者能學習到這些函式庫。

Jupyter notebook 也是新加入的。每一章有兩個 notebook：一個是章節的程式、說明、連線；另一個是練習的解答。

最後，所有相關軟體都改為使用 Python 3（但大部分都能使用 Python 2）。

使用程式碼

本書使用的程式碼可從 GitHub 下載：*https://thinkcomplex.com/repo*。Git 是個版本控制系統，一組專案檔案稱為 "程式庫"。GitHub 提供 Git 的網頁介面存取服務。

我的 GitHub 首頁提供多種存取程式碼的方式：

- 從右上角的 Fork 按鈕複製程式庫。你必須有個 GitHub 帳號。複製後，在 GitHub 上你會有自己的程式庫可供追蹤你在閱讀本書時所寫的程式碼，然後你可以複製程式庫到你自己的電腦上。

- 下載但不複製程式庫；也就是在你的電腦上下載一份拷貝。這就無需 GitHub 帳號，但你無法將你的修改寫回 GitHub。

- 若完全不想使用 Git，你可以按下 "Clone or download" 按鈕下載 ZIP 檔案。

我使用 Continuum Analytics 的 Anaconda，它是自由的 Python 版本，包含執行程式所需的所有套件（與其他東西）。我覺得 Anaconda 很容易安裝，預設上為使用者層級而非系統層級安裝，因此無需管理員權限。它支援 Python 2 與 Python 3。你可從 *https://continuum.io/downloads* 下載 Anaconda。

程式庫包含 Python 腳本與 Jupyter notebook。Jupyter 的使用見 *https://jupyter.org*。

Jupyter notebook 有三種使用方式：

在你的電腦上執行 *Jupyter*

若有安裝 Anaconda，你可以從終端機或命令列執行下列命令來安裝 Jupyter：

```
$ conda install jupyter
```

啟動 Jupyter 前，你可以 cd 到程式碼目錄：

```
$ cd ThinkComplexity2/code
```

然後啟動 Jupyter 伺服器：

```
$ jupyter notebook
```

啟動伺服器時，它會開啟預設瀏覽器或新的瀏覽器分頁。然後你可以打開並執行 notebook。

在 *Binder* 上執行 *Jupyter*

Binder 是在虛擬機器中執行 Jupyter 的服務。打開 *https://thinkcomplex.com/binder* 會進到帶有本書的 notebook 與相關檔案的 Jupyter 首頁。

你可以執行腳本並修改它們，但該虛擬機器是暫時的，若閒置則虛擬機器與你的修改會消失。

在 *GitHub* 上檢視 *notebook*

你可使用 GitHub 檢視 notebook 與我產生的結果，但不能修改或執行程式。

祝你好運，並玩得開心！

Allen B. Downey
Professor of Computer Science
Olin College of Engineering
Needham, MA

本書編排慣例

本書使用以下的編排規則:

斜體字(*Italic*)

代表強調、按鍵、選項、網址及郵件地址。中文以楷體表示。

Bold(**粗體字**)

用於新詞彙的定義。

定寬字(`Constant width`)

用於程式碼以及內文中的檔名、副檔名、變數、函式名稱、資料型別、陳述、關鍵字等程式元素。

定寬粗體字(**`Constant width bold`**)

顯示由使用者輸入的命令或其他文字。

本書參與者

建議與指正請寄至 *downey@allendowney.com*。若採用會將你列入參與者(除非你不要)。

請註明版本與格式。附上完整的句子我會比較容易搜尋。頁數與段落編號也行,但比較麻煩。感恩!

- John Harley、Jeff Stanton、Colden Rouleau、Keerthik Omanakuttan 提出打字錯誤。

- Jose Oscar Mur-Miranda 提出多處打字錯誤。

- Phillip Loh、Corey Dolphin、Noam Rubin、Julian Ceipek 提出多處打字錯誤並提供建議。

- Sebastian Schöner 寄來兩頁指正!

- Philipp Marek 寄來多處指正。

- 與我一起在 Olin College 教複雜科學的 Jason Woodard 向我介紹 NK 模型,並提出多處打字錯誤與建議。

- Davi Post 提出多處打字錯誤與建議。

- Graham Taylor 從 GitHub 提交多處打字錯誤。

特別感謝本書技術編輯：Vincent Knight 與 Eric Ma。

以及 Richard Hollands、Muhammad Najmi bin Ahmad Zabidi、Alex Hantman、Jonathan Harford 等人的錯誤回報。

## 第一章

複雜性科學

複雜性科學相對較新；它從 1980 年代開始被視為一個領域並賦予名稱。但這不是因為它對新主題應用科學工具，而是因為它使用不同類型的工具、進行不同類型的工作、最終改變了所謂的 "科學" 的意義。

我會以一個經典科學的例子來展示其中的不同處：假設有人問你為何行星的軌道是橢圓形的。你可能會引用牛頓的萬有引力法則寫出描述行星運動的微分方程式，然後解此微分方程式並顯示答案為一個橢圓形。證明完畢！

大部分人滿意這種解釋。它包含數學推導（所以有嚴謹的證明），且它以一般引力法則解釋了橢圓軌道的觀察。

讓我們與不同類型的解釋比較。假設你搬到底特律這種種族隔離的城市，你想要知道為什麼會這樣。如果做一些研究，你會發現 Thomas Schelling 在一篇稱為 "隔離動力模型" 的論文中提出的一個種族隔離的簡單模型：

以下是摘自第 9 章我對此模型的描述：

> Schelling 模型是個 cell 陣列，每個 cell 代表一間房子。房子被兩種 "agent" 佔據，標示為紅與藍，數量大致相等。約有 10% 的房子是空的。
>
> 任何時間，一個 agent 可能高興或不高興，視其鄰居 agent 而定。有一個模型中的 agent 在至少兩個鄰居相同時會高興，若只有一個或零個則會不高興。
>
> 此模擬過程隨機選出 agent 並檢查它是否高興。若高興則沒事；若不高興則該 agent 會隨機選擇未佔據的 cell 並搬過去。

若從完全沒有隔離的城市開始執行此模型一段時間，就會出現相同 agent 的群聚。隨著時間，群聚會成長直到變成少量大群聚，且大部分的 agent 居住在同質社區中。

此模型中的隔離程度很驚人且能作為真實隔離的一種解釋。或許底特律的隔離是因為人們傾向不要居於少數，且鄰居讓他們不高興時願意搬家。

這種解釋能像行星運動的解釋一樣讓人滿意嗎？許多人不同意，但為何？

很明顯的，Schelling 模型非常抽象，並不真實。因此你可能會想說人比行星更複雜。但這不正確，畢竟有些行星上面有人，因此它們比人更複雜。

兩個系統都複雜，兩個模型都是基於簡化。舉例來說，我們在行星運動模型中引入行星與其太陽間的力並忽略行星間的互動。在 Schelling 的模型中，我們根據區域資訊引入個別決定並忽略人類行為。

但兩者的程度不同。對行星運動，我們能以被忽略的力較引入的力小來支持該模型，也可以擴充模型以引入其他的互動並顯示出該效應很小。Schelling 的模型則比較難評估這個簡化。

另一個差別是，Schelling 的模型並未引用任何物理法則，它只是簡單的計算而非數學推導。Schelling 這一類的模型看起來不像經典科學，許多人覺得比較沒說服力，至少乍看之下是如此。但我會展示出這些模型有用，包括預測、解釋、設計。本書的目標之一正是說明如何進行。

改變中的科學標準

複雜性科學不只是另一組模型；它還是逐漸改變中的標準，也就是可接受的模型種類。

舉例來說，經典模型傾向基於法則、以公式形式表示、以數學推導解決。複雜性的模型通常基於規則、以計算表示、使用模擬而非分析。

並不是每個人都接受這些模型。舉例來說，Steven Strogatz 在 *Sync* 發表某種螢火蟲自發性同步的模型。他展示此現象的模擬，但寫到：

> 我多次重複此模擬，使用隨機初始條件與其他振盪數值。每次都同步。[...] 接下來的挑戰是證明。只有一個堅實的證據可以證明，在沒有計算機的情況下，同步是不可避免的；最好的證據可以澄清**為什麼**它是不可避免的。

Strogatz 是個數學家，因此渴望證明是可以理解的，但他的證明對我來說並未解決此現象中最有趣的部分。為證明 "同步是不可避免的"，Strogatz 做了幾個簡化的假設，特別是每個螢火蟲可以看到其他螢火蟲。

在我看來，有意思的是**看不到其他螢火蟲時如何同步**。第 9 章的主題就是區域互動行為如何產生這種全域行為，這種現象的解釋通常使用代理人基模型（以數學分析很難或做不到的方式）來探索容許或防止同步化的條件。

我是個電腦科學家，因此我熱衷計算式模型或許不意外。我並不是說 Strogatz 是錯的，而是對問什麼問題與使用什麼工具回答有不同看法。這些意見基於價值判斷，因此不需要同意。

無論如何，科學家之間對什麼是好的科學模型，什麼是邊緣科學、偽科學、甚至是非科學有大致的共識。

本書的一個中心論點是這一共識基於隨時間變化的標準，而複雜性科學的出現反映了這些標準的逐步轉變。

科學模型的軸

我將經典模型描述為基於法則、以公式形式表示、以數學推導解決。複雜性的模型通常基於規則、以計算實作。

我們可以將此趨勢視為隨著時間發生轉變的兩個軸：

基於公式 → 基於模擬

分析 → 計算

複雜性科學在很多方面均不同。我將它們列出以讓你知道會發生什麼，但在看過後面的例子前，你可能會覺得有些部分不合理。

連續 → 離散

經典模型傾向基於連續數學，例如微積分；複雜系統的模型通常基於離散數學，包括圖與細胞自動機。

線性 → 非線性

經典模型通常是線性的，或使用線性趨近非線性系統；複雜性科學對非線性模型更友善。

決定性 → 隨機

經典模型通常是決定性的，它反映底層的決定論，第 5 章會討論；複雜性模型通常包括隨機性。

抽象 → 細節

經典模型中的行星是質量點、平面沒有摩擦力、牛是個球體（見 *https://thinkcomplex.com/cow* ）。這種簡化通常對分析是必要的，但計算模型更真實。

一兩個 → 多個

經典模型通常限制為少量元件。舉例來說，天體機制中的二體問題可用分析解決；三體問題不行。複雜性科學通常操作大量元件與大量互動。

同質 → 異質

經典模型的元件與互動傾向相同；複雜模型較常引入異質。

這是概觀，無需對它太認真。我也無意詆毀經典科學。複雜模型不一定比較好；事實上，通常比較糟。

我也不是要說這些轉變很突然或完整。相反的，可接受的界線正在漸漸改變。有些過去視為可疑的工具現在很常見，而過去有些廣泛接受的模型現在有審視的必要。

舉例來說，Appel 與 Haken 於 1976 年證明四色定理，他們用電腦列舉了 1936 個特殊情況，這些特殊情況在某種意義上是他們證據的引理。當時很多數學家並不認為他們的定理真正的證明了。現在電腦輔助證明很常見且普遍（都不是全部）接受。

相反的，有很多經濟分析基於一種稱為 "經濟人"（又或稱為 *Homo economicus* ）的人類行為模型。幾十年來，基於該模型的研究受到高度重視，特別是如果它涉及精湛數學技術。最近，該模型受到質疑，而包含不完全資訊與有限理性的模型是熱門話題。

不同模型有不同目的

複雜模型通常適用於不同目的與解釋：

預測 → 解釋

Shelling 的隔離模型可能說明了複雜社會現象，但對預測沒什麼幫助。另一方面，星體的簡單模型可精準預測日蝕。

現實主義 → 工具主義

經典模型有助於現實主義的解釋；舉例來說，大多數人都認為電子是存在的真實物質。工具主義是這樣一種觀點，即使它們假定的實體不存在，模型也會很有用。George Box 寫了可能是工具主義的座右銘："所有模型都是錯誤的，但有些模型是有用的"。

還原論 → 整體論

還原論認為系統行為可透過認識其元件來解釋。舉例來說，元素週期表是還原論的勝利，因為它以原子電子模型解釋了元素的化學行為。整體論認為系統層級的某些現象不存在於元件層級，且不能以元件層級條件來解釋。

我們會在第 4 章討論模型、第 6 章討論工具主義、第 8 章討論整體論。

複雜性工程

前面討論過科學背景下的複雜系統，但複雜性也導致工程與社會系統的設計產生影響與變化：

集中 → 分散

集中系統在概念上比較簡單且容易分析，但分散系統更健全。舉例來說，網際網路的用戶端發送請求給集中化的伺服器；若伺服器停機則停止服務。在點對點網路中，每個節點同時是用戶端與伺服器。要停掉服務，你必須停掉每個節點。

一對多 → 多對多

許多通訊系統讓使用者互相溝通並建立、分享、修改內容，以增強甚至取代廣播服務。

上至下 → 下至上

在社會、政治、經濟系統中,許多通常由中央組織的活動現在以草根運動推行。甚至是標準階層結構的軍隊也朝向指揮與控制。

分析 → 計算

在經典工程中,可行設計受限於分析能力。舉例來說,埃菲爾鐵塔能夠建成是因為 Gustave Eiffel 開發出分析技術,特別是處理風壓。現在電腦輔助設計與分析工具能讓你做出幾乎任何你能想到的事情。Frank Gehry 的畢爾包古根漢美術館是我最喜歡的例子。

獨立 → 互動

在經典工程中,大型系統的複雜性由獨立與最小互動管理。這還是很重要的工程原則;無論如何,計算的能力使得設計具有組件之間複雜交互的系統變得越來越可行。

設計 → 搜尋

工程有時候被描述為在可能的設計中搜尋解決方案。搜尋程序自動化的程度越來越高。舉例來說,遺傳演算法探索巨大設計空間,並發現工程師想不到(或不喜歡)的解決方案。演化這個終極遺傳演算法產生出違反人類工程規則的設計。

複雜性思維

我們現在越講越遠,但我所說的科學模型標準的變化,與 20 世紀邏輯學和認識論的發展有關。

亞里士多德邏輯 → 多值邏輯

在傳統邏輯中,任何命題只能是真或偽。這種系統適用數學證明,但在許多真實世界應用中(嚴重)失效。替代方案包括多值邏輯、模糊邏輯、與其他用以處理非決定性、模糊、不確定的系統。Bart Kosko 在他的《*Fuzzy Thinking*》一書中討論這些系統。

頻率論 → 貝葉斯主義

貝氏機率已經存在了幾個世紀，但直到最近才因廉價的計算能力與機率厭惡主觀而被廣泛採用。Sharon Bertsch McGrayne 在《*The Theory That Would Not Die*》一書中展現這一段歷史。

客觀 → 主觀

啟蒙運動和哲學現代主義的基礎是對客觀真理的信仰，即與持有它們的人無關的真理。20 世紀的發展，包括量子力學、哥德爾的不完備理論、以及庫恩對科學史的研究，都引起了對 "硬科學" 和數學中看似不可避免的主觀性的關注。Rebecca Goldstein 在《*Incompleteness*》一書中介紹了其中的歷史背景。

物理法則 → 理論 → 模型

有些人會區分法則、理論、模型。"法則" 意味客觀正確且不變；"理論" 需要修正；"模型" 是根據簡化與趨近的主觀選擇。

我認為它們是同一件事。有些稱為法則的概念其實是定義；有些實際上是特別適合預測或解釋特定系統的行為的斷言。我們會在第 51 頁 "解釋性模型"、第 64 頁 "這是什麼模型"、第 112 頁 "還原論與整體論" 等節回頭討論自然物理法則。

決定論 → 非決定論

決定論認為所有事件不可避免的都因之前的事件所導致。非決定論的形式包括隨機、機率因果、本質不確定。我們會在第 60 頁 "決定論" 與第 139 頁 "湧現與自由意志" 等節回頭討論這個主題。

這些趨勢並非普遍或全然，但重點是沿著這些軸變化。對 Thomas Kuhn 的《*The Structure of Scientific Revolutions*》的反應就是證據，這本書在出版時受到攻擊，但現在幾乎無爭議。

這些趨勢同時是複雜性科學的成因與效應。舉例來說，現在更能接受高度抽象化的模型，是因為期望每一個系統都有一個獨特、正確的模型。相反的，複雜系統的發展挑戰決定論與相關的物理法則概念。

這一章是本書的概要，但在看過範例前不一定都會覺得合理。讀完本書後，你可能會覺得回頭再讀這一章很有幫助。

## 第二章

圖

接下來三章討論由元件與元件間的連結組成的系統。以社會系統為例,元件是人而連結代表友誼、業務關係等。在食物鏈中,元件是物種而連結代表狩獵者與獵物關係。

這一章介紹 NetworkX,它是建構這些系統模型的 Python 套件。我們從有著有趣的數學特性的 Erdős-Rényi 模型開始。下一章會討論對解釋真實世界系統更有用的模型。

圖是什麼?

對大部分人而言,"圖(graph)"是資料的視覺化呈現,例如長條圖或股價走勢圖。這一章說的不是這個。

這一章的**圖**是帶有離散、互連元素的系統。元素由**節點**(node)表示 —— 又稱為**頂點**(vertex)—— 而連結由**邊**(edge)表示。

舉例來說,你可以用城市節點與道路邊表示地圖。或以人節點與好友邊表示社交網路。

在某些圖中,邊有長度、成本、或權數等屬性。以地圖為例,邊的長度代表城市間的距離或移動時間。社交網路中不同類型的邊代表不同類型的關係:好友、業務關係等。

邊可能**有向**(directed)或**無向**(undirected),視關係是否對稱而定。在地圖中,你可能以有向邊代表單行道並以無向邊代表雙向道。在 Facebook 等社交網路中,好友是對稱的:若 A 是 B 的好友,則 B 是 A 的好友。但在 Twitter 中,"追蹤"關係是不對稱的;A 追蹤 B 並不表示 B 追蹤 A。因此你可能會以無向邊表示 Facebook 網路,而用有向邊表示 Twitter 網路。

圖具有數學特性，有個數學分支稱為**圖論**。

圖也很有用，因為有許多真實世界的問題可使用**圖演算法**解決。舉例來說，Dijkstra 的最短路徑演算法，是找出圖中兩節點間最短路徑的有效方式。**路徑**（**path**）是一系列的節點，前後兩節點間具有邊。

圖通常以方塊或圓表示節點並以線表示邊。舉例來說，圖 2-1 所示的有向圖代表 Twitter 中的三個人。箭頭表示關係的方向。此例中，Alice 與 Bob 互相追蹤，兩人都追蹤 Chuck，而 Chuck 未追蹤任何人。

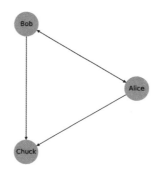

圖 2-1　表示社交網路的有向圖

圖 2-2 所示的無向圖顯示美國北部四個城市；邊的標籤代表開車小時數。此例中的節點位置約略代表城市的地理位置，但一般圖的佈局是隨意的。

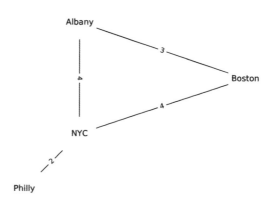

圖 2-2　表示城市間交通時間的無向圖

圖 | 11

NetworkX

為表示圖，我們會使用 NetworkX 套件，它是 Python 最常見的網路函式庫。更多資訊見 *https://thinkcomplex.com/netx*，接下來我會逐步說明。

我們可以匯入 NetworkX（通常匯入為 nx），並初始化 nx.DiGraph 以建構有向圖：

```
import networkx as nx
G = nx.DiGraph()
```

此時，G 是沒有節點與邊的 DiGraph 物件。使用 add_node 方法加入節點：

```
G.add_node('Alice')
G.add_node('Bob')
G.add_node('Chuck')
```

接下來使用 nodes 方法取得節點清單：

```
>>> list(G.nodes())
NodeView(('Alice', 'Bob', 'Chuck'))
```

nodes 方法回傳 NodeView，可用於迴圈或如上取得清單。

加入邊的做法也差不多：

```
G.add_edge('Alice', 'Bob')
G.add_edge('Alice', 'Chuck')
G.add_edge('Bob', 'Alice')
G.add_edge('Bob', 'Chuck')
```

我們可以使用 edges 取得邊清單：

```
>>> list(G.edges())
[('Alice', 'Bob'), ('Alice', 'Chuck'),
 ('Bob', 'Alice'), ('Bob', 'Chuck')]
```

NetworkX 提供多個繪製圖的函式；draw_circular 將節點以圓排列並以邊連結：

```
nx.draw_circular(G,
                 node_color=COLORS[0],
                 node_size=2000,
                 with_labels=True)
```

我用這個程式產生圖 2-1。with_labels 選項對節點加上標籤；下一個範例會顯示如何將邊加上標籤。

要產生圖 2-2，我從字典將每個城市名稱對應它的經緯度：

```
positions = dict(Albany=(-74, 43),
                 Boston=(-71, 42),
                 NYC=(-74, 41),
                 Philly=(-75, 40))
```

由於這是無向圖，nx.Graph 如下初始化：

```
G = nx.Graph()
```

然後使用 add_nodes_from 迭代 positions 的鍵並作為節點加入：

```
G.add_nodes_from(positions)
```

接下來製作一個對應邊與開車時間的字典：

```
drive_times = {('Albany', 'Boston'): 3,
               ('Albany', 'NYC'): 4,
               ('Boston', 'NYC'): 4,
               ('NYC', 'Philly'): 2}
```

現在可以使用 add_edges_from 迭代 drive_times 的鍵並作為邊加入：

```
G.add_edges_from(drive_times)
```

相較於以圓排列的 draw_circular，我使用以位置字典作為第二個參數的 draw：

```
nx.draw(G, positions,
        node_color=COLORS[1],
        node_shape='s',
        node_size=2500,
        with_labels=True)
```

draw 使用 positions 決定節點的位置。

要為邊加上標籤，使用 draw_networkx_edge_labels：

```
nx.draw_networkx_edge_labels(G, positions,
                             edge_labels=drive_times)
```

edge_labels 參數是個對應一對節點與標籤的字典；此例中，標籤是城市間的開車時間。我就是如此產生圖 2-2。

上面的兩個範例中，節點都是字串，但可雜湊的型別皆可。

圖 | 13

隨機圖

隨機圖顧名思義是隨機產生節點與邊的圖。當然，有很多隨機程序可產生圖，因此有很多種隨機圖。

其中一種是 Paul Erdős 與 Alfréd Rényi 於 1960 年代研究的 Erdős-Rényi 模型。

Erdős-Rényi 圖（ER 圖）由兩個參數定性：n 是節點數量，p 是兩個節點間有邊的機率。見 *https://thinkcomplex.com/er*。

Erdős 與 Rényi 研究這些隨機圖的特性；其中一個驚人的結果是，隨機圖的性質隨著隨機邊的增加而出現突然變化。

顯示這種變化的一項性質是連通性。若一個無向圖的每個節點都有到其他節點的路徑，則此圖有**連通**（**connected**）。

在 ER 圖中，若 p 很小時，圖有連通的機率很低，p 很大時則接近 1。兩端之間，變化在寫作 p^* 的特定 p 值下有大幅的變化。

Erdős 與 Rényi 表示此關鍵值為 $p^* = (\ln n)/n$，n 是節點數量。一個隨機圖 $G(n, p)$ 在 $p < p^*$ 時不太可能連通，而在 $p > p^*$ 時非常可能連通。

要檢查這個宣稱，我們會開發產生隨機圖的演算法並檢查它們是否連通。

產生圖

我從產生**完全**（**complete**）圖開始，它是每個節點連接其他節點的圖。

下面的產生函式列舉輸入的節點清單的所有配對。更多產生函式資訊見 *https://thinkcomplex.com/gen*。

```
def all_pairs(nodes):
    for i, u in enumerate(nodes):
        for j, v in enumerate(nodes):
            if i>j:
                yield u, v
```

我們可以使用 all_pairs 建構完全圖：

```
def make_complete_graph(n):
    G = nx.Graph()
    nodes = range(n)
    G.add_nodes_from(nodes)
    G.add_edges_from(all_pairs(nodes))
    return G
```

make_complete_graph 輸入節點數量 n，並回傳 n 個節點與所有節點配對間的邊的新 Graph。

下列程式產生有 10 個節點的完全圖並加以繪製：

```
complete = make_complete_graph(10)
nx.draw_circular(complete,
                 node_color=COLORS[2],
                 node_size=1000,
                 with_labels=True)
```

圖 2-3 顯示執行結果。接下來會修改此程式以產生 ER 圖，但首先我們要開發檢查圖是否連通的函式。

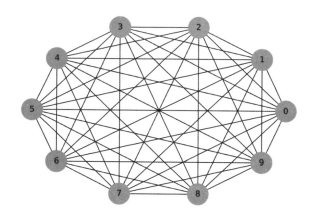

圖 2-3　有 10 個節點的完全圖

圖 | 15

連通圖

若一個圖的每個節點都有到其他節點的路徑，則此圖有**連通**（見 *https://thinkcomplex.com/conn*）。

很多應用涉及圖，檢查圖是否連通很有用。幸好有個簡單的演算法能做這件事。

你可以從任意節點開始檢查是否能連結所有節點。若可以連結節點 *v*，則你可以連結 *v* 的任何**鄰居**，也就是以一個邊連結 *v* 的節點。

Graph 類別有個 neighbors 方法可回傳一個節點的鄰居清單。以前一節產生的完全圖為例：

```
>>> complete.neighbors(0)
[1, 2, 3, 4, 5, 6, 7, 8, 9]
```

假設我們從節點 *s* 開始。我們可以將 *s* 標示為 "看過" 並標示它的鄰居。然後我們標示鄰居的鄰居、它們的鄰居、以此類推直到沒有更多的節點。若全部節點都看過，則圖是連通的。

下列是 Python 程式：

```python
def reachable_nodes(G, start):
    seen = set()
    stack = [start]
    while stack:
        node = stack.pop()
        if node not in seen:
            seen.add(node)
            stack.extend(G.neighbors(node))
    return seen
```

reachable_nodes 的參數是 Graph 與起點節點 start，回傳可從 start 到達的節點。

seen 一開始是空的，而 stack 清單用以記錄發現但未處理的節點，開始時只有 start 節點。

接下來在迴圈中：

1. 從堆疊取出一個節點。

2. 若節點已經在 seen 中，回到步驟 1。

3. 否則將節點加入 seen，並將它的鄰居加入堆疊。

堆疊清空時就沒有更多節點，因此我們中斷迴圈並回傳 seen。

我們在一個例子中找出完全圖的所有可從節點 0 到達的節點：

```
>>> reachable_nodes(complete, 0)
{0, 1, 2, 3, 4, 5, 6, 7, 8, 9}
```

一開始堆疊只有節點 0 且 seen 是空的。在迴圈的第一輪中，節點 0 加入 seen 且其他節點加入堆疊（因為它們都是節點 0 的鄰居）。

在迴圈的下一輪中，pop 回傳堆疊的最新元素，也就是節點 9。因此節點 9 加入 seen 且它的鄰居加入堆疊。

注意同一個節點可能在堆疊中出現多次；事實上，有 k 個鄰居的節點會被加入 k 次。稍後我們會想辦法讓演算法更有效率。

我們可以使用 reachable_nodes 寫入 is_connected：

```
def is_connected(G):
    start = next(iter(G))
    reachable = reachable_nodes(G, start)
    return len(reachable) == len(G)
```

is_connected 選擇一個節點並選擇第一個元素。然後它使用 reachable 取得可從 start 到達的節點的集合。若此集合的大小與圖的大小相同，這表示我們可以到達所有節點，因此圖是通連的。

完全圖當然是通連的：

```
>>> is_connected(complete)
True
```

下一節會產生 ER 圖並檢查是否通連。

圖 | 17

產生 ER 圖

ER 圖 $G(n, p)$ 有 n 個節點，每個節點配對由機率 p 的邊連結。產生 ER 圖類似產生完全圖。

下面的產生函式列舉所有可能的邊，並選擇是否要加入圖：

```
def random_pairs(nodes, p):
    for edge in all_pairs(nodes):
        if flip(p):
            yield edge
```

random_pairs 使用 flip：

```
def flip(p):
    return np.random.random() < p
```

這是本書第一個使用 NumPy 的範例。我根據慣例將 numpy 匯入為 np。NumPy 有個 random 模組，它有個 random 方法可回傳介於 0 與 1 連續且均勻分佈的值。

因此 flip 回傳 True 的機率為 p，回傳 False 為互補的 1-p。

最後，make_random_graph 產生並回傳 ER 圖 $G(n, p)$：

```
def make_random_graph(n, p):
    G = nx.Graph()
    nodes = range(n)
    G.add_nodes_from(nodes)
    G.add_edges_from(random_pairs(nodes, p))
    return G
```

make_random_graph 幾乎與 make_complete_graph 相同；唯一的差別是以 random_paris 代替 all_pairs。

以下是 p=0.3 的例子：

```
random_graph = make_random_graph(10, 0.3)
```

圖 2-4 顯示執行結果。此圖是連通的；事實上，大部分 $n = 10$ 且 $p = 0.3$ 的 ER 圖是連通的。下一節會看到有多少。

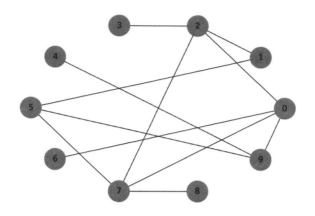

圖 2-4　n=10 且 p=0.3 的 ER 圖

連通機率

對特定 *n* 與 *p* 值，我們想知道 *G*(*n*, *p*) 為連通的機率。我們可以產生大量隨機圖，並計算有多少是連通：

```
def prob_connected(n, p, iters=100):
    tf = [is_connected(make_random_graph(n, p))
          for i in range(iters)]
    return np.mean(bool)
```

傳入參數 n 與 p 給 make_random_graph；iters 是產生隨機圖的數量。

此函式使用了 list comprehension；更多資訊見 *https://thinkcomplex.com/comp*。

執行結果 tf 是布林值清單：True 代表圖為連通而 False 代表不連通。

np.mean 是 NumPy 的函式，它計算清單的平均值，視 True 為 1 而 False 為 0。執行結果為隨機圖連通的比率。

```
>>> prob_connected(10, 0.23, iters=10000)
0.33
```

圖 | 19

我選擇 0.23 是因為它接近連通機率從 0 接近 1 的臨界值。根據 Erdős 與 Rényi，$p^\star = \ln n/n = 0.23$。

我們可以用一個範圍的 p 值以更清楚的檢視連通機率變化：

```
n = 10
ps = np.logspace(-2.5, 0, 11)
ys = [prob_connected(n, p) for p in ps]
```

此 NumPy 的 `logspace` 函式回傳從 $10^{-2.5}$ 到 $10^0 = 1$ 間 11 個值的陣列，在對數刻度上等間隔。

對陣列中的每個 p 值，我們計算參數 p 的圖的連通機率並儲存在 ys 中。

圖 2-5 顯示執行結果，垂直線是臨界值 $p^\star = 0.23$。如預期，從 0 到 1 的變化出現在臨界值附近。

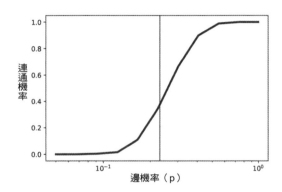

圖 2-5　n = 10 與一段範圍 p 的連通機率。垂直線顯示預測的臨界值

圖 2-6 顯示較大 n 值的類似執行結果。隨著 n 加大，臨界值更小且變化更突然。

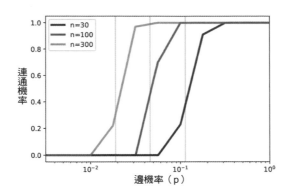

圖 2-6　多個 n 值與一段範圍 p 的連通機率

這些實驗產生和 Erdős 與 Rényi 的論文中的分析一致的結果。

圖演算法分析

我在這一章前面提出一個檢查圖是否連通的演算法；接下來幾章會看到其他圖演算法。過程中我們會分析這些演算法的效能，指出執行時間如何隨著圖的加大而增加。

如果不熟悉演算法分析，可從 *https://thinkcomplex.com/tp2* 閱讀本書附錄 B。

圖演算法的成長級數通常以頂點（節點）數量 n 與邊數量 m 的函式表示。

作為一個例子，讓我們分析第 15 頁 "連通圖" 一節的 reachable_nodes：

```
def reachable_nodes(G, start):
    seen = set()
    stack = [start]
    while stack:
        node = stack.pop()
        if node not in seen:
            seen.add(node)
            stack.extend(G.neighbors(node))
    return seen
```

圖 | 21

迴圈的每一輪從堆疊取出一個節點；預設上，pop 從清單刪除並回傳最後一個節點，這是常數時間操作。

接下來檢查節點是否在 seen 中，由於它是個集合，因此檢查是否存在是常數時間。

若節點不在 seen 中，將它加入，這是常數時間，然後將鄰居加入堆疊，這是鄰居數量的線性時間。

要以 n 與 m 表示執行時間，我們可以計算節點加入 seen 與 stack 的總次數。

每個節點只加入 seen 一次，因此加總為 n。

但節點可能多次加入 stack，視鄰居數量而定。若節點有 k 個鄰居，它會加入堆疊 k 次。當然，若它有 k 個鄰居就表示由 k 個邊連結。

因此加入 stack 的次數是 m，雙倍是因為每個邊處理兩次。

所以此函式的成長級數是 $O(n + m)$，簡單說就是執行時間依 n 或 m 較大者成比例放大。

如果我們知道 n 與 m 的關係，我們還可以簡化這個表達式。舉例來說，若完全圖有 $n(n-1)/2$ 個邊，也就是 $O(n^2)$。因此完全圖的 reachable_nodes 是 n 的二次方。

練習

這一章的程式碼在本書程式庫的 chap02.ipynb 這個 Jupyter notebook 中。更多使用資訊見第 xi 頁的 "使用程式碼"。

練習 *2-1*

執行 chap02.ipynb，此 notebook 有幾個短練習你可以試試看。

練習 *2-2*

第 20 頁 "圖演算法分析" 一節分析了 reachable_nodes 的效能並歸類為 $O(n + m)$，n 是節點數量而 m 是邊數量。繼續分析 is_connected 的成長級數是多少？

```
def is_connected(G):
    start = list(G)[0]
    reachable = reachable_nodes(G, start)
    return len(reachable) == len(G)
```

練習 *2-3*

你可能覺得 reachable_nodes 的實作將*所有*鄰居加入堆疊，而沒有檢查是否已經在 seen 中沒有效率。撰寫在加入堆疊前檢查鄰居的版本。此 "最佳化" 是否改變了成長級數？函式有比較快嗎？

練習 *2-4*

ER 圖有兩種。這一章產生了由節點數量與邊機率兩個參數定義的 $G(n, p)$ 這一種。

另一種記為 $G(n, m)$，也是由兩個參數定義：節點數量 n 與邊數量 m。在這種定義下，邊的數量固定但位置是隨機的。

使用第二種定義重複這一章做過的實驗。以下是建議做法：

1. 撰寫稱為 m_pairs 的函式，輸入節點清單與邊數量 m 並回傳隨機選取的邊。一種簡單的做法是產生實驗可能的邊的清單並使用 random.sample。

2. 撰寫稱為 make_m_graph 的函式，輸入 n 與 m 並回傳有 n 個節點與 m 個邊的隨機圖。

3. 修改 prob_connected 以使用 make_m_graph 替換 maek_random_graph。

4. 計算一段範圍 m 值的連通機率。

此實驗的結果與使用第一種 ER 圖有何不同？

## 第三章

小世界圖

包括社交網路在內的許多真實世界的網路都具有"小世界"特質,也就是以節點間最短路徑的邊數量計算的平均距離小於預期。

這一章討論 Stanley Milgram 的小世界實驗,它最先展現真實社交網路中的小世界特質。然後我們會討論 Watts-Strogatz 圖,它是小世界圖的模型。我會複製 Watts 與 Strogatz 的實驗並說明它的意義。

過程中,我們會看到兩個新的圖演算法:廣度優先搜尋(BFS)與 Dijkstra 的最短路徑演算法。

Stanley Milgram

Stanley Milgram 這位社會心理學家做了兩個著名的實驗,Milgram 實驗研究權力服從(*https://thinkcomplex.com/milgram*),而小世界實驗研究社交網路的結構(*https://thinkcomplex.com/small*)。

在小世界實驗中,Milgram 送出包裹給堪薩斯州威奇托隨機選取的人,並要求他們將附上的信件轉給麻薩諸塞州(靠近我長大的波士頓附近城鎮)指定姓名與職業的目標。他們被要求只能在認識此人時才能直接寄給目標;否則必須寄給可能認識目標的親友來轉寄。

很多信件沒有被寄到,但有寄到的信的平均路徑長度(轉寄次數)約為六。這個結果確認了之前對兩個人在社交網路中"六度分離"的觀察。

此結論很驚人，因為大部分人認為社交網路會在地化（人們傾向在朋友周圍生活），且連結路徑長度隨著地理距離放大。舉例來說，我大部分的朋友住附近，因此我猜測社交網路中的節點平均距離是 50 英里。威奇托距波士頓 1600 英里，因此 Milgram 的信件照社交網路的典型連結來看應該經過 32 個節點而非 6 個。

Watts 與 Strogatz

Duncan Watts 與 Steven Strogatz 於 1998 年在自然期刊發表的 "Collective dynamics of 'small-world' networks" 論文中提出小世界現象的一種解釋。你可以從 *https://thinkcomplex.com/watts* 下載此論文。

Watts 與 Strogatz 從兩種研究的很清楚的圖開始：隨機圖與正則（regular）圖。隨機圖的節點隨機連結。正則圖的每個節點的鄰居數量相同。他們思考這些圖的群集（clustering）與路徑長度這兩個特性：

- 群集以圖的 "cliquishness" 度量。在圖中，**clique** 是全部互相連通的節點子集；在社交網路中，clique 是一群互相均為朋友的人。Watts 與 Strogatz 定義群集係數以量化連結同一個節點的兩個節點，也互相連結的機率。

- 路徑長度用以度量兩個節點間的平均距離，它對應社交網路中的分離度。

Watts 與 Strogatz 顯示正則圖具有高群集與高路徑長度，而同樣大小的隨機圖的群集與路徑長度較低。因此兩者都不是好的社交網路模型，它必須是高群集與短路徑長度。

他們的目標是建立社交網路的生成模型。**生成（generative）模型**嘗試將建立或引導現象的過程建立模型以解釋該現象。Watts 與 Strogatz 提出此建立小世界圖的程序：

1. 從有 n 個節點且每個節點連結 k 個鄰居的正則圖開始。

2. 選擇一組邊並以隨機邊替換它們以 "重新配線"。

邊被重新配線的機率由參數 p 控制圖的隨機程度。$p = 0$ 時圖為正則；$p = 1$ 時完全隨機。

Watts 與 Strogatz 發現小 p 值產生像是正則圖的高群集圖，且其低路徑長度像是隨機圖。

我以下列步驟複製 Watts 與 Strogatz 的實驗：

1. 建構環格（ring lattice），它是一種正則圖。

2. 如 Watts 與 Strogatz 所做將它重新配線。

3. 撰寫函式以評估群集程度並使用 NetworkX 函式計算路徑長度。

4. 計算一段 *p* 值範圍的群集程度與路徑長度。

5. 最後，我會展示 Dijkstra 演算法，它有效率的計算最短路徑。

環格

正則圖是每個節點有相同鄰居數量的圖；此鄰居數量又稱為節點的**度（degree）**。

環格是一種正則圖，Watts 與 Strogatz 以其作為模型的基礎。在有 *n* 個節點的環格中，節點排列成環形且每個節點連結 *k* 個最近鄰居。舉例來說，*n* = 3 與 *k* = 2 的環格具有這些邊：(0, 1)、(1, 2)、(2, 0)。注意邊從最大數節點 "回到" 0 節點。

一般來說，我們可以如下列舉這些邊：

```
def adjacent_edges(nodes, halfk):
    n = len(nodes)
    for i, u in enumerate(nodes):
        for j in range(i+1, i+halfk+1):
            v = nodes[j % n]
            yield u, v
```

adjacent_edges 輸入節點清單與一半 *k* 的參數 halfk。此產生函式每次產生一個邊。它使用模數運算子 % 取最高到最低數間的節點。我們可以如下測試：

```
>>> nodes = range(3)
>>> for edge in adjacent_edges(nodes, 1):
...     print(edge)
(0, 1)
(1, 2)
(2, 0)
```

接下來我們可以使用 adjacent_edges 做出環格：

```
def make_ring_lattice(n, k):
    G = nx.Graph()
    nodes = range(n)
    G.add_nodes_from(nodes)
    G.add_edges_from(adjacent_edges(nodes, k//2))
    return G
```

注意 make_ring_lattice 使用 floor division 計算 halfk，因此只有在 k 是雙數時正確。若 k 是單數，floor division 會捨去，因此產生 k-1 度的環格。這一章後面的一個練習是產生單數 k 的正則圖。

我們可以如下測試 make_ring_lattice：

```
lattice = make_ring_lattice(10, 4)
```

圖 3-1 顯示執行結果。

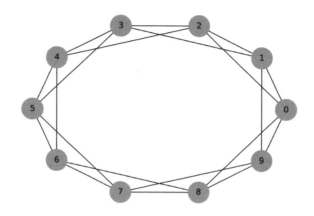

圖 3-1　n = 10 且 k = 4 的環格

WS 圖

要製作 Watts-Strogatz（WS）圖，我們從環格開始並 "重新配線" 某些邊。在他們的論文中，Watts 與 Strogatz 以特定順序處理邊並以機率 p 重新配線。若一個邊重新配線，則第一個節點不變並隨機選擇第二個節點。它們不允許自循環或多邊；也就是說，邊不能連結同一個節點，兩個節點也不能有一個以上的邊。

以下是此程序的實作：

```
def rewire(G, p):
    nodes = set(G)
    for u, v in G.edges():
        if flip(p):
```

```
choices = nodes - {u} - set(G[u])
new_v = np.random.choice(list(choices))
G.remove_edge(u, v)
G.add_edge(u, new_v)
```

參數 p 是邊重新配線的機率。for 迴圈列舉邊並使用 flip（定義見第 17 頁 "產生 ER 圖" 一節）決定是否重新配線。

若從節點 u 重新配線到節點 v，我們必須選擇新的 v，命名為 new_v。

1. 要計算可能的選擇，我們從 nodes 集合開始刪除 u 與其鄰居，以避免自循環與多邊。

2. 使用 NumPy 的 random 模組的 choice 函式選擇 new_v。

3. 刪除 u 至 v 現有的邊。

4. 加上 u 至 new_v 的邊。

另外，G[u] 表示式回傳以 u 的鄰居作為鍵的字典。它通常較 G.neighbors 快（見 *https://thinkcomplex.com/neigh*）。

此函式不以 Watts 與 Strogatz 指定的順序處理邊，但這似乎不影響結果。

圖 3-2 顯示一段 p 值範圍下 n = 20 且 k = 4 的 WS 圖。p = 0 時，此圖為環格。p = 1 時完全隨機。有意思的部分在兩者之間。

圖 3-2　n = 20 且 k = 4 的 WS 圖，p = 0（左）、p = 0.2（中）、p = 1（右）

群集

下一步是計算群集係數，它是節點組成 clique 的趨勢的度量。**clique** 是完全連通的一組節點；也就是這一組中所有節點間都有邊。

假設節點 u 有 k 個鄰居。若所有鄰居連通，則它們之間有 $k(k-1)/2$ 個邊。這些確實存在的邊的比例是 u 的區域群集係數，記作 C_u。

計算所有節點的 C_u 平均會得到 "網路平均群集係數"，記作 $\bar{C}$。

以下是計算它的函式：

```
def node_clustering(G, u):
    neighbors = G[u]
    k = len(neighbors)
    if k < 2:
        return np.nan

    possible = k * (k-1) / 2
    exist = 0
    for v, w in all_pairs(neighbors):
        if G.has_edge(v, w):
            exist +=1
    return exist / possible
```

這裡同樣使用 G[u]，它回傳以 u 的鄰居作為鍵的字典。

若節點的鄰居少於 2，則群集的係數無定義，因此回傳代表 "Not a Number" 的 np.nan。

若不則計算鄰居間可能邊的數量與實際存在的邊，並回傳存在的比例。

如下檢查此函式：

```
>>> lattice = make_ring_lattice(10, 4)
>>> node_clustering(lattice, 1)
0.5
```

在 $k = 4$ 的環格中，每個節點的群集係數是 0.5（不相信就看看圖 3-1）。

現在我們可以如下計算網路平均群集係數：

```
def clustering_coefficient(G):
    cu = [node_clustering(G, node) for node in G]
    return np.nanmean(cu)
```

NumPy 的 nanmean 函式計算區域群集係數的平均值，它會忽略 NaN 值。

如下測試 clustering_coefficient：

```
>>> clustering_coefficient(lattice)
0.5
```

此圖中，所有節點的區域群集係數都是 0.5，因此平均是 0.5。當然，我們預期 WS 圖的值不同。

最短路徑長度

下一步是計算路徑長度 L，它是每個節點配對間最短路徑長度的平均值。我們從 NetworkX 的 shortest_path_length 函式開始。我會以它複製 Watts 與 Strogatz 的實驗然後說明如何運作。

下面的函式輸入一個圖，並回傳每個節點配對的最短路徑清單：

```
def path_lengths(G):
    length_map = nx.shortest_path_length(G)
    lengths = [length_map[u][v] for u, v in all_pairs(G)]
    return lengths
```

nx.shortest_path_length 的回傳值是字典的字典。外層字典對應每個節點 u 至對應每個節點 v，與從 u 至 v 的最短路徑長度的字典。

我們可以使用 path_lengths 的長度清單計算 L：

```
def characteristic_path_length(G):
    return np.mean(path_lengths(G))
```

以一個小環格進行測試：

```
>>> lattice = make_ring_lattice(3, 2)
>>> characteristic_path_length(lattice)
1.0
```

此例中，3 個節點全部連通其他節點，因此平均路徑長度是 1。

WS 實驗

現在我們已經準備好可以複製 WS 實驗，它會顯示一段 p 值範圍的 WS 圖，具有類似正則圖的高群集與類似隨機圖的短路徑長度。

我會從輸入 n、k、p 的 run_one_graph 開始；它產生參數指定的 WS 圖，並計算平均路徑長度 mpl 與群集係數 cc：

```python
def run_one_graph(n, k, p):
    ws = make_ws_graph(n, k, p)
    mpl = characteristic_path_length(ws)
    cc = clustering_coefficient(ws)
    print(mpl, cc)
    return mpl, cc
```

Watts 與 Strogatz 以 n=1000 且 k=10 進行實驗。使用這些參數時，run_one_graph 需要幾秒鐘計算；大部分時間花在計算平均路徑長度。

接下來要計算一段 p 值範圍的值。我使用 NumPy 的 logspace 函式計算 ps：

```python
ps = np.logspace(-4, 0, 9)
```

以下是執行此實驗的函式：

```python
def run_experiment(ps, n=1000, k=10, iters=20):
    res = []
    for p in ps:
        t = [run_one_graph(n, k, p) for _ in range(iters)]
        means = np.array(t).mean(axis=0)
        res.append(means)
    return np.array(res)
```

每個 p 值產生 20 個隨機圖與平均結果。由於 run_one_graph 回傳一對值，t 是一對值的清單。將它轉換成陣列則每一列有 L 與 C 欄。以 axis=0 選項呼叫 mean 計算出每個欄的平均值；執行結果為一列兩欄的陣列。

結束迴圈時，means 是配對的清單，我們將它轉換成 NumPy 陣列，每個 p 值一列，具有 L 與 C 欄。

我們可以如下擷取欄：

```python
L, C = np.transpose(res)
```

為在同一軸上繪製 L 與 C，將它們除以第一個元素：

```
L /= L[0]
C /= C[0]
```

圖 3-3 顯示執行結果。隨著 *p* 增加，平均路徑長度快速的下降，因為少量隨機重新配線會提供區域間的捷徑。另一方面，刪除區域連結只會非常慢的降低群集係數。

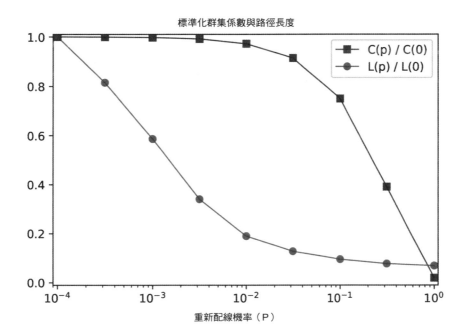

圖 3-3　一段 p 值範圍下 n = 1000 且 k = 10 的 WS 圖的群集係數（C）與路徑長度特徵（L）

結果顯示在很大一段範圍的 *p* 下，WS 圖具有高群集與低路徑長度這種小世界圖特性。

這是為何 Watts 與 Strogatz 提出以顯示小世界現象的 WS 圖作為真實世界網路的模型。

這是什麼解釋？

若你問為何行星軌道是橢圓形的，我會從將行星與恆星視為質量點的模型開始；我會從 *https://thinkcomplex.com/grav* 查詢引力法則，並用它寫出行星運動的微分方程式。然後我會推導軌道方程式或從 *https://thinkcomplex.com/orbit* 查詢。使用一些代數就可以推導出產生橢圓軌道的條件。然後我會檢查視為行星的物件是否滿足這些條件。

人們，至少科學家們，通常會滿意這種解釋。其中一個原因是此模型的假設與趨近似乎合理。行星與恆星不是質量點，但因為距離很大所以實際大小就不重要。在同一個恆星系統中的行星可影響其他行星的軌道，但效應通常很小。我們還忽略相當小的相對論效應。

此解釋可信還因為它基於方程式。我們可以用解析式表示軌道方程式，這表示我們可以有效計算軌道。它還表示我們可以推導軌道速度、軌道週期、與其他量的表示式。

最後，我認為這種解釋可信是因為它具有數學形式的證明。要記得證明適用於此模型而非真實世界。也就是說，我們可以證明模型產生橢圓軌道，但我們無法證明真實的軌道是橢圓的（事實上不是）。無論如何，證明的證據是可信的。

比較之下，Watts 與 Strogatz 的小世界現象的解釋稍差。首先，其模型更為抽象，較不真實。其次，結果由模擬而非數學分析產生。最後，結果比較像是例子而非證明。

本書的許多模型類似 Watts 與 Strogatz 模型：抽象、基於模擬、（表面上）較傳統數學模型不正規。本書的目標之一是處理這些模型帶來的問題：

- 這些模型可以做什麼：預測？解釋？
- 這些模型的解釋比傳統模型差嗎？為什麼？
- 如何區分這些模型與傳統模型？類型不同還是程度不同？

本書內容會提出我對這些問題的回答，但它們是一種試探與推測。我建議你存疑並找出自己的結論。

廣度優先搜尋

計算最短路徑時，我們使用 NetworkX 的函式，但沒有解釋它是如何運作的。接下來我會從廣度優先搜尋開始，它是基於 Dijkstra 的計算最短路徑演算法。

第 15 頁 "連通圖" 一節有個 reachable_nodes，它找出使用可從指定節點到達的節點：

```
def reachable_nodes(G, start):
    seen = set()
    stack = [start]
    while stack:
        node = stack.pop()
        if node not in seen:
            seen.add(node)
            stack.extend(G.neighbors(node))
    return seen
```

我當時沒有說 reachable_nodes 執行深度優先搜索（DFS）。現在我會將它改為廣度優先搜尋（BFS）。

要了解其中的不同，可以想像探索一個城堡。你從有 A、B、C 三個門的房間開始。打開 C 門發現另一個房間，它有 D、E、F 三個門。

接下來要開哪個門？若想要深入城堡則選擇 D、E、或 F。這是深度優先搜尋。

但若想要更系統化，你可以在深入 D、E、F 前回頭探索 A、B。這是廣度優先搜尋。

在 reachable_nodes 中，我們使用清單的 pop 方法選擇下一個要 "探索" 的節點。預設上，pop 會回傳清單的最近一個元素，也就是最新加入的元素。此例中為 F 門。

若想要改為 BFS，最簡單的方式是取出清單的第一個元素：

```
        node = stack.pop(0)
```

這可行但慢。在 Python 中，取出清單的最新元素需要常數時間，但取出第一個元素需要清單長度的線性時間。在最差狀況下，堆疊的長度為 $O(n)$，則 BFS 的實作為 $O(nm)$，這比 $O(n + m)$ 差很多。

我們可以用又稱為 **deque** 的雙端佇列解決。雙端佇列能從前後以常數時間新增或刪除元素。實作見 *https://thinkcomplex.com/deque*。

Python 的 collections 模組有個 deque，我們可以如下匯入：

```
from collections import deque
```

我們可以用它撰寫有效率的 BFS：

```
def reachable_nodes_bfs(G, start):
    seen = set()
    queue = deque([start])
    while queue:
        node = queue.popleft()
        if node not in seen:
            seen.add(node)
            queue.extend(G.neighbors(node))
    return seen
```

差別在於：

- 以稱為 queue 的雙端佇列取代 stack 清單。

- 以刪除並回傳佇列最左元素的 popleft 取代 pop。

這個版本回到 $O(n + m)$。現在我們準備好找出最短路徑。

Dijkstra 的演算法

荷蘭電腦科學家 Edsger W. Dijkstra 發明了一個有效率的最短路徑演算法（見 *https://thinkcomplex.com/dijk*）。它還發明了信號（semaphore）資料結構，用來協調程式間的通訊（見 *https://thinkcomplex.com/sem* 與 Downey 的《*The Little Book of Semaphores*》）。

Dijkstra 以一系列電腦科學文章聞名（惡名昭彰）。"A Case against the GO TO Statement" 等文對程式設計的實踐產生了深遠的影響，而 "On the Cruelty of Really Teaching Computing Science" 等文則有趣但沒什麼作用。

Dikjstra 的演算法解決 "單一來源最短路徑問題"，這表示它會從指定 "來源" 節點找出到達圖中其他所有節點（至少是每個連通節點）的最小距離。

我會展示此演算法的簡化版本，將所有邊視為同長。正常版本可處理任何非負值邊長。

簡化版本類似前面的廣度優先搜尋，但將 seen 集合換成對應節點與來源距離的 dist
字典：

```
def shortest_path_dijkstra(G, source):
    dist = {source: 0}
    queue = deque([source])
    while queue:
        node = queue.popleft()
        new_dist = dist[node] + 1

        neighbors = set(G[node]).difference(dist)
        for n in neighbors:
            dist[n] = new_dist

        queue.extend(neighbors)
    return dist
```

它的運作如下：

- 一開始，queue 只有 source 元素，而 dist 對應 source 與距離 0（也就是 source 到自
  己的距離）。

- 迴圈每一輪以 popleft 選出佇列中下一個節點。

- 找出節點所有未在 dist 中的鄰居。

- 由 於 source 到 node 的 距 離 為 dist[node]，因 此 未 探 索 的 鄰 居 的 距 離 是
  dist[node]+1。

- 將每個鄰居加入 dist 然後加入佇列。

此演算法只在使用 BFS 而非 DFS 時可行。原因是：

1. 第一輪的 node 是 source，而 new_dist 是 1。因此 source 的鄰居距離為 1 並加入佇
   列。

2. 處理 source 的鄰居時，它們的鄰居距離為 2。我們知道它們不會是 1，因為若是則
   會在第一輪找到它們。

3. 同樣的，處理距離 2 的節點時，我們賦予其鄰居距離 3。我們知道它們不會是 1 或
   2，因為若是則會在前二輪找到它們。

以此類推。若你熟悉歸納證明就知道會有什麼結果。

但此論證只有在處理距離 2 的節點前，處理過所有距離 1 節點等以此類推進行才有效。而這就是 BFS 的方式。

這一章後面的練習會撰寫所有 DFS 的 Dijkstra 演算法，因此你會看到哪裡出錯。

練習

這一章的程式碼在本書程式庫的 chap03.ipynb 中。更多使用資訊見第 xi 頁的 "使用程式碼"。

練習 *3-1*

環格中的每個節點的鄰居數量均相同。此鄰居數量稱為節點的**度**，而圖的所有節點的度均相同則稱為**正則圖**。

所有環格都是正則，但正則圖並非都是環格。特別是，若 k 為單數，則我們無法建構環格，但可以建構正則圖。

撰寫輸入 n 與 k，並輸出有 n 個節點各有 k 個鄰居的正則圖的 make_regular_graph 函式。若特定 n 與 k 值不可能做出正則圖，則函式應該拋出 ValueError。

練習 *3-2*

我的 reachable_nodes_bfs 實作效率為 $O(n + m)$，但佇列加入與刪除節點的成本很高。NetworkX 有個簡單快速的 BFS 實作可從 GitHub 取得，位置是 *https://thinkcomplex.com/connx*。

以下是修改後回傳一組節點的版本：

```
def plain_bfs(G, start):
    seen = set()
    nextlevel = {start}
    while nextlevel:
        thislevel = nextlevel
        nextlevel = set()
        for v in thislevel:
            if v not in seen:
                seen.add(v)
                nextlevel.update(G[v])
    return seen
```

與 reachable_nodes_bfs 比較看看哪一個快。然後嘗試修改此函式，以實作更快版本的 shortest_path_dijkstra。

練習 3-3

下面的 BFS 實作有兩個效能錯誤。在哪裡？此演算法的真正成長級數是多少？

```python
def bfs(G, start):
    visited = set()
    queue = [start]
    while len(queue):
        curr_node = queue.pop(0)     # Dequeue
        visited.add(curr_node)

        # 將沒有造訪過且不在佇列中的節點加入佇列
        queue.extend(c for c in G[curr_node]
                       if c not in visited and c not in queue)
    return visited
```

練習 3-4

我在第 34 頁 "Dijkstra 的演算法" 一節宣稱，Dijkstra 的演算法若非使用 BFS 則不可行。撰寫使用 DFS 的 shortest_path_dijkstra，並以幾個範例檢查哪裡出錯。

練習 3-5

關於 Watts 與 Strogatz 的論文的一個疑問是，小世界現象是否特定於其生成模型，或者其他類似模型是否產生相同的定性結果（高群集與低路徑長度）。

要回答這個問題，選擇 Watts 與 Strogatz 模型的變種並重複實驗。有兩種變種可考慮：

- 相較於從正則圖開始，以具有高群集的其他圖開始。舉例來說，你可以在 2-D 空間隨機位置加上節點，並連結最近的 k 個鄰居。

- 嘗試其他類型的重新配線。

若一段範圍內的類似模型產生類似行為，我們可以說該論文的結果是**紮實的**。

練習 3-6

Dijkstra 的演算法解決 "單一來源最短路徑" 問題，但要計算圖的路徑長度特徵，我們必須解決 "所有配對最短路徑" 問題。

當然，一種選項是執行 Dijkstra 演算法 *n* 次，每次以一個節點開始。在某些應用中是可行的，但還有更有效率的方案。

找出所有配對最短路徑問題的演算法並實作。見 *https://thinkcomplex.com/short*。

比較你的實作與 Dijkstra 演算法執行 *n* 次的執行時間。哪一個在理論上較快？哪一個在實務上比較好？ NetworkX 用哪一個？

## 第四章

無尺度網路

這一章使用線上社交網路資料並以 Watts-Strogatz 圖做模型。WS 模型具有與此資料相同的小世界網路的特徵,但節點的鄰居數量變化較低,與此資料不同。

這種差異驅使 Barabási 與 Albert 開發另一種網路模型。BA 模型具有與觀察相符的鄰居數量變化,且短路徑長度與小世界特徵也相同,但它沒有小世界網路的高群集。

這一章最後在探索小世界網路時會討論 WS 與 BA 圖。

社交網路資料

Watts-Strogatz 圖想要建立自然與社會科學中的網路的模型。在論文中,Watts 與 Strogatz 檢視了電影演員的網路(若在同一部電影演出則有連結)、美西電力網路、秀麗隱桿線蟲腦部的神經元網路。他們發現這些網路具有小世界圖的高度連結與低路徑長度特徵。

這一節會以 Facebook 使用者與好友的資料進行相同的分析。Facebook 使用者透過 "加入好友",與在真實世界中不一定有什麼關係的人連結。

我會使用來自 Stanford Network Analysis Project(SNAP)的開放資料。特別是我會使用其中的 Facebook 資料[1],它包括 4039 個使用者與 88,234 個好友關係。此資料集放在本書的程式庫中,也可從 SNAP 網站下載(*https://thinkcomplex.com/snap*)。

---

1   J. McAuley and J. Leskovec. Learning to Discover Social Circles in Ego Networks. NIPS, 2012.

此資料檔案每一行有一個邊與從 0 到 4038 的使用者編號。以下是讀檔程式：

```
def read_graph(filename):
    G = nx.Graph()
    array = np.loadtxt(filename, dtype=int)
    G.add_edges_from(array)
    return G
```

NumPy 有個 `loadtext` 函式可讀取檔案並回傳 NumPy 陣列。dtype 參數指定此陣列的 "資料型別" 為 int。

然後使用 `add_edges_from` 迭代陣列並做出邊。下面是執行結果：

```
>>> fb = read_graph('facebook_combined.txt.gz')
>>> n = len(fb)
>>> m = len(fb.edges())
>>> n, m
(4039, 88234)
```

節點與邊數量與資料集的文件所述相符。

接下來我們可以檢查資料集是否具有小世界圖的特徵：高群集與低路徑長度。

我們在第 28 頁 "群集" 一節撰寫一個計算平均群集係數的函式。NetworkX 有個 `average_clustering` 函式執行相同工作但比較快。

但對於大圖來說，它們都太慢，其時間級數為 nk^2，n 是節點數量而 k 是連結鄰居數量。

幸好 NetworkX 有個函式可以用隨機樣本評估群集係數。你可以如下使用：

```
from networkx.algorithms.approximation import average_clustering
average_clustering(G, trials=1000)
```

下列函式的執行類似路徑長度：

```
def sample_path_lengths(G, nodes=None, trials=1000):
    if nodes is None:
        nodes = list(G)
    else:
        nodes = list(nodes)

    pairs = np.random.choice(nodes, (trials, 2))
    lengths = [nx.shortest_path_length(G, *pair)
               for pair in pairs]
    return lengths
```

G 是個圖、nodes 是節點採樣來源清單、trials 是隨機路徑採樣數量。若 nodes 是 None，則採樣整個圖。

pairs 是隨機選取節點的 NumPy 陣列，每列兩欄。

list comprehension 列舉陣列中的列，並計算每一對節點間的最短路徑。執行結果是路徑長度清單。

estimate_path_length 產生隨機路徑長度清單並回傳其平均值：

```
def estimate_path_length(G, nodes=None, trials=1000):
    return np.mean(sample_path_lengths(G, nodes, trials))
```

我會使用 average_clustering 計算 C：

```
C = average_clustering(fb)
```

以 estimate_path_lengths 計算 L：

```
L = estimate_path_lengths(fb)
```

群集係數約 0.61，這算高，符合此網路具有小世界特徵的預期。

平均路徑是 3.7，這對超過 4,000 個使用者的網路算短，是小世界沒錯。

接下來看看我們是否能建構跟這個網路的特徵相同的 WS 圖。

WS 模型

在 Facebook 的資料中，每個節點的平均邊數是 22。由於一個邊連結兩個節點，平均度是節點平均邊數的兩倍：

```
>>> k = int(round(2*m/n))
>>> k
44
```

我們可以製作 n=4039 且 k=44 的 WS 圖。p=0 時得到環格：

```
lattice = nx.watts_strogatz_graph(n, k, 0)
```

此圖的群集較資料集的 0.61 高：C 為 0.73，但 L 為 46 較資料集高很多！

p=1 時得到隨機圖：

```
random_graph = nx.watts_strogatz_graph(n, k, 1)
```

此隨機圖的 L 為 2.6，較資料集短（3.7），但 C 只有 0.011 也不行。

經過試錯後，我們發現 p=0.05 時得到高群集與低路徑長度的 WS 圖：

```
ws = nx.watts_strogatz_graph(n, k, 0.05, seed=15)
```

此圖的 C 為 0.63，較資料集高一點，而 L 為 3.2，較資料集低一點。因此這個圖也建構此資料集的小世界特徵模型。

目前看起來還不錯。

度

若 WS 圖是 Facebook 的好模型，它的節點間應該具有相同的平均度，且理想情況下度變異相同。

此函式回傳圖的度清單，每列一個節點：

```
def degrees(G):
    return [G.degree(u) for u in G]
```

模型的度平均是 44，接近資料集的讀平均 43.7。

但模型的度標準差是 1.5，與資料集的標準差 52.4 差很多。糟了。

出了什麼問題？要更好的理解，我們必須檢視度的分佈而不只是看平均與標準差。

我會以 Pmf 物件展示度分佈，它定義於 thinkstat2 模組。Pmf 代表 "probability mass function"；更多資訊見《*Think Stats, 2nd edition*》第 3 章，網址是 *https://thinkcomplex. com/ts2*。

簡單說，Pmf 對應值與機率。度的 Pmf 對應可能的度 d 與度 d 的節點比例。

以節點 1、2、3 連結中央節點 0 的圖為例：

```
G = nx.Graph()
G.add_edge(1, 0)
G.add_edge(2, 0)
G.add_edge(3, 0)
nx.draw(G)
```

下面是此圖的度清單：

```
>>> degrees(G)
[3, 1, 1, 1]
```

節點 0 的度為 3，其他節點的度為 1。接下來我可以製作代表此度分佈的 Pmf：

```
>>> from thinkstats2 import Pmf
>>> Pmf(degrees(G))
Pmf({1: 0.75, 3: 0.25})
```

執行結果是對應每個度與比例或機率的 Pmf 物件。此例中，75% 的節點為度 1，25% 為度 3。

現在我們可以製作該資料集的節點度的 Pmf，並計算平均值與標準差：

```
>>> from thinkstats2 import Pmf
>>> pmf_fb = Pmf(degrees(fb))
>>> pmf_fb.Mean(), pmf_fb.Std()
(43.691, 52.414)
```

對 WS 模型也是一樣：

```
>>> pmf_ws = Pmf(degrees(ws))
>>> pmf_ws.mean(), pmf_ws.std()
(44.000, 1.465)
```

我們可以使用 thinkplot 模組繪製結果：

```
thinkplot.Pdf(pmf_fb, label='Facebook')
thinkplot.Pdf(pmf_ws, label='WS graph')
```

圖 4-1 顯示這兩個分佈。它們非常不同。

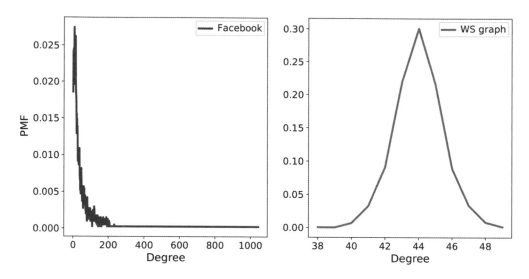

圖 4-1　Facebook 與 WS 模型的度 Pmf

在 WS 模型中，大部分使用者有 44 個好友；最少 38 最多 50，變異不大。資料集內的許多使用者只有一兩個好友，但有個人超過 1000 ！

這種有非常多小值與少數幾個大值的分佈稱為**重尾**（**heavy-tailed**）。

重尾分佈

重尾分佈常見於許多複雜領域且經常在本書內容中出現。

我們可以如圖 4-2 所示在雙對數坐標系上繪製，以更清楚的檢視重尾分佈。這種轉換強調分佈的尾；也就是大值的機率。

在這種轉換下，資料趨近直線，表示分佈中的最大值與其機率有**冪定律**關係。數學上，分佈服從冪定律若

$$PMF(k) \sim k^{-\alpha}$$

PMF(k) 是度 k 的節點比例，α 是參數，$\sim$ 符號表示 PMF 隨著 k 增加而趨近 $k^{-\alpha}$。

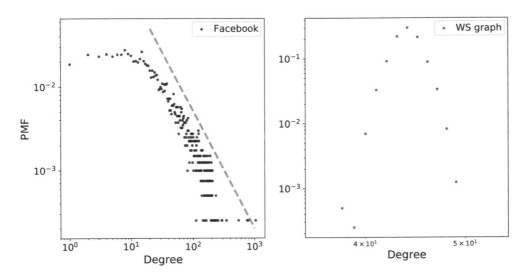

圖 4-2　Facebook 與 WS 模型的度 Pmf，在雙對數坐標系上

兩邊取對數得到

$$\log \text{PMF}(k) \sim -\alpha \log k$$

因此分佈服從冪定律且將 PMF(k) 與 k 繪製在雙對數坐標系上，預期得到斜度為 $-\alpha$ 的直線，至少對大 k 值是如此。

所有冪定律分佈都是重尾的，但有其他重尾分佈不服從冪定律，稍後會看到更多的例子。

但首先我們有個問題：WS 模型具有我們在資料中看到的高群集與低路徑長度，但度分佈完全不像資料。這種差異是下一個主題 Barabási-Albert 模型的動機。

Barabási-Albert 模型

Barabási 與 Albert 於 1999 年發表 "Emergence of Scaling in Random Networks" 描述幾種真實世界網路的結構特徵，包括表示電影演員、網頁、美西電力網路的連結關係的圖。你可從 *https://thinkcomplex.com/barabasi* 下載此論文。

他們評估每個節點的度並計算 PMF(*k*)，頂點為度 *k* 的機率。然後他們在雙對數坐標系上繪製 PMF(*k*) 與 *k*。圖顯示直線，至少對大 *k* 值是如此，因此 Barabási 與 Albert 推論這些分佈是重尾的。

他們還提出一種產生相同屬性圖的模型。與 WS 模型的特徵差異是：

成長

> 相較於從固定數量的頂點開始，BA 模型從小圖開始每次加入一個頂點。

優先連結（*Preferential attachment*）

> 建構出新邊更有可能連結已經有大量邊的頂點。這種 "錦上添花" 效應，是某些真實世界網路的成長模式特徵。

最後，他們展示出 Barabási-Albert（BA）模型產生的圖，具有服從冪定律的度分配。

具有這種屬性的圖有時稱為**無尺度網路**，更多資訊見 *https://thinkcomplex.com/scale*。

NetworkX 有個產生 BA 圖的函式。我們先使用它；然後告訴你它如何運作。

```
ba = nx.barabasi_albert_graph(n=4039, k=22)
```

參數 n 是要產生的節點數量，k 是節點加入時的邊數量。我選擇 k=22 是因為這是資料集的節點平均邊數量。

產生出的圖具有 4039 個節點與每個節點 21.9 個邊。由於每個邊連結兩個節點，平均度為 43.8，非常接近資料集的平均度 43.7。

而標準差是 40.9，稍低於資料集的 52.4，但較 WS 圖的 1.5 好很多。

圖 4-3 顯示 Facebook 資料與 BA 模型在雙對數坐標系上的度分佈。此模型不完美；特別是 k 小於 10 時，但尾看起來是直線，表示此程序產生服從冪定律的度分佈。

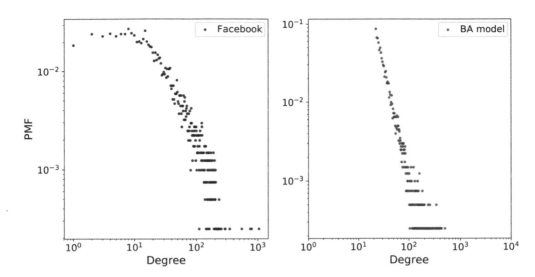

圖 4-3　Facebook 與 BA 模型的度 PMF，在雙對數坐標系上

因此 BA 模型在產生度分佈上較 WS 模型好。但它具有小世界屬性嗎？

此例中，平均路徑長度 L 為 2.5，甚至比實際網路的 $L = 3.69$ 更 "小世界"。所以很好，可能還太好了。

另一方面，群集係數 C 是 0.037，差資料集的 0.61 一截，因此是個問題。

表 4-1 總結這些結果。WS 模型捕捉到小世界特徵，但度分佈不對。BA 模型捕捉到至少相近的度分佈以及平均路徑長度，但群集係數不對。

你會在這一章後面的練習探索其他打算捕捉所有特徵的模型。

表 4-1　Facebook 資料集特徵與兩種模型的比較

	Facebook	WS 模型	BA 模型
C	0.61	0.63	0.037
L	3.69	3.23	2.51
平均度	43.7	44	43.7
標準差度	52.4	1.5	40.1
符合冪定律？	可能	否	是

產生 BA 圖

前一節使用 NetworkX 的函式產生 BA 圖；接下來看看它是如何運作的。下面的 barabasi_albert_graph 做了一些修改以方便閱讀：

```
def barabasi_albert_graph(n, k):

    G = nx.empty_graph(k)
    targets = list(range(k))
    repeated_nodes = []

    for source in range(k, n):
        G.add_edges_from(zip([source]*k, targets))

        repeated_nodes.extend(targets)
        repeated_nodes.extend([source] * k)

        targets = _random_subset(repeated_nodes, k)

    return G
```

參數 n 是我們想要的節點數量，k 是新節點的邊數（節點平均邊數量）。

我們從 k 個節點且無邊的圖開始，然後初始化兩個變數：

targets

　　會連結到下一個節點的 k 個節點清單。一開始 targets 有 k 個節點；後來是隨機節點子集。

repeated_nodes

　　現有節點清單，每個節點對連結到的每個邊都出現一次。從 repeated_nodes 選取時，任意節點的選取機率是其邊數的比例。

我們在迴圈的每一輪從來源加入邊到 targets 的每個節點。然後我們加入每個目標一次與新節點 k 次，以更新 repeated_nodes。

最終，我們選出作為下一輪目標的節點子集。下面是 _random_subset 的定義：

```
def _random_subset(repeated_nodes, k):
    targets = set()
    while len(targets) < k:
```

```
        x = random.choice(repeated_nodes)
        targets.add(x)
    return targets
```

_ramdom_subset 在迴圈的每一輪從 repeated_nodes 中選取節點加入 targets。由於 targets 是集合，它自動的拋棄重複節點，因此迴圈只在選取 k 個不同節點時離開。

累積分佈

圖 4-3 在雙對數坐標系繪製 PMF 以顯示度分佈。這是 Barabási 與 Albert 展示結果的方式，且是通常用於冪定律分佈文章的表示方式。但它不是檢視這種資料的最佳方式。

一種更好的方式是**累積分佈函式**（**cumulative distribution function**，CDF），它對應 x 值與小於或等於 x 的比例。

對一個 Pmf，計算累積機率最簡單的方式是累加值機率至 x：

```
def cumulative_prob(pmf, x):
    ps = [pmf[value] for value in pmf if value<=x]
    return np.sum(ps)
```

舉例來說，對資料集的度分佈 pmf_fb，我們可以計算小於 25 個好友的使用者比例：

```
>>> cumulative_prob(pmf_fb, 25)
0.506
```

此結果接近 0.5，這表示好友中數約 25。

CDF 的視覺化更好是因為它們的雜訊較 PMF 少。習慣解讀 CDF 後，它們較 PMF 提供更清楚的分佈外觀。

thinkstats 模組有個 Cdf 類別代表累積分佈函式。我們可用它計算資料集的 CDF 度。

```
from thinkstats2 import Cdf
cdf_fb = Cdf(degrees(fb), label='Facebook')
```

而 thinkplot 提供的 Cdf 函式繪製累積分佈函式。

```
thinkplot.Cdf(cdf_fb)
```

圖 4-4 顯示 Facebook 資料與 WS 模型（左）以及 BA 模型（右）的 CDF 度。x 軸是指數尺度。

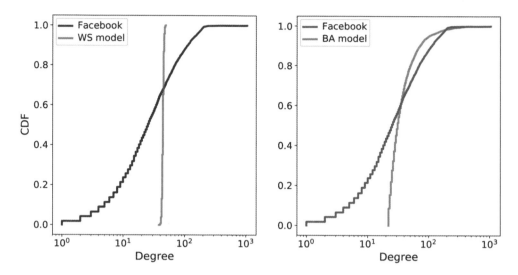

圖 4-4　Facebook 資料與 WS 模型（左）以及 BA 模型（右）的 CDF 度。x 軸是指數尺度

很明顯 WS 模型的 CDF 與資料的 CDF 差很多。BA 模型比較好，但不是很好，特別是小值。

分佈的尾（值大於 100）如同 BA 模型相當符合資料集，但很難看出來。我們可以用資料的其他展示方式得到更清楚的概觀：在雙對數坐標系上繪製互補 CDF。

互補 CDF（CCDF）的定義是

$$\text{CCDF}(x) \equiv 1 - \text{CDF}(x)$$

此定義有用是因為若 PMF 服從冪定律，則 CCDF 也服從冪定律：

$$\text{CCDF}(x) \sim \left(\frac{x}{x_m}\right)^{-\alpha}$$

x_m 是最小可能值，α 是決定分佈形狀的參數。

兩邊取對數產生：

$$\log \text{CCDF}(x) \sim -\alpha \left(\log x - \log x_m\right)$$

因此若分佈服從冪定律，我們預期在雙對數坐標系上的 CCDF 會是斜度為 $-\alpha$ 的直線。

圖 4-5 顯示雙對數坐標系上 Facebook 資料與 WS 模型（左）以及 BA 模型（右）的 CCDF 度。

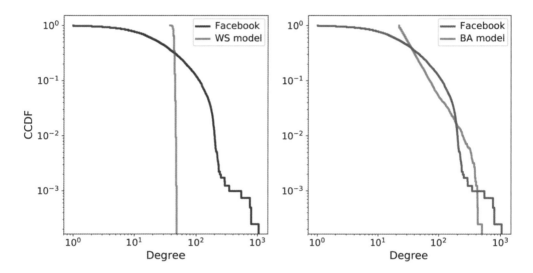

圖 4-5　雙對數坐標系上 Facebook 資料與 WS 模型（左）以及 BA 模型（右）的 CCDF 度

以這種方式檢視資料，我們可以看到 BA 模型相當符合分佈的尾（值超過 20）。WS 模型並沒有。

解釋性模型

我們從 Milgram 的小世界實驗開始討論，它顯示社交網路中的路徑長度意外的小；因此有 "六度分離" 一說。

看到意料之外的事情時很自然的會問 "為什麼？"，但有時候不清楚要什麼樣的答案。
一種答案是**解釋性（explanatory）模型**（見圖 4-6）。

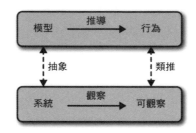

圖 4-6　解釋性模型的邏輯結構

解釋性模型的邏輯結構是：

1. 在系統 S 中，我們看到支持解釋的可觀察 O。

2. 我們建構模型 M 類比系統；也就是說模型元素對應系統元素。

3. 透過模擬或數學推導，我們顯示模型展現類比 O 的行為 B。

4. 我們推論 S 展現 O 是因為 S 類似 M，而 M 展現 B 且 B 類似 O。

其推論核心是類比，它表示兩個在某些方面相似的東西，可能在其他方面也相似。

以類比推論也許很好用，且解釋性模型也可以滿足，但它們不能做出數學性的證明。

要記得所有模型排除或說是 "抽離" 我們覺得不重要的細節。任何系統均有許多引用或
忽略不同特徵的模型。可能有展現不同行為的模型在其他方面類似 O。在這種情況下，
哪一個模型解釋 O ？

小世界現象就是個例子：Watts-Strogatz（WS）模型與 Barabási-Albert（BA）模型都展
現小世界行為的元素，但它們提出不同的解釋：

- WS 模型認為社交網路 "小"，是因為它們同時包含強連結群集與連結群集的 "弱關
  係（weak tie）"（見 *https://thinkcomplex.com/weak*）。

- BA 模型認為社交網路小，是因為它們包含作為樞紐（hub）的高度節點，而樞紐因
  優先連結而隨著時間成長。

如同初發展的科學，問題不在於沒有解釋，而是有太多解釋。

練習

這一章的程式碼在本書程式庫的 chap04.ipynb 中。更多使用資訊見第 xi 頁的 "使用程式碼"。

練習 *4-1*

我們在第 51 頁 "解釋性模型" 一節討論了小世界現象的兩種解釋,"弱關係" 與 "樞紐"。這些解釋相容嗎?也就是說它們可能都是對的嗎?哪一種解釋更滿意?為什麼?

有沒有可以蒐集的資料或進行的實驗,可證明某一個模型比另一個好?

Thomas Kuhn 的 "Objectivity, Value Judgment, and Theory Choice" 論文的主題,是在競爭性模型中做選擇,見 *https://thinkcomplex.com/kuhn*。

Kuhn 提出什麼是選擇競爭性模型的條件?這些條件是否影響你對 WS 與 BA 模型的看法?你覺得還要考慮什麼條件?

練習 *4-2*

NetworkX 有個 powerlaw_cluster_graph 函式實作 "Holme 和 Kim 的演算法,用於生成具有冪定律分佈和近似平均群集的圖"。閱讀此函式的文件(*https://thinkcomplex.com/hk*),並嘗試用它產生與 Facebook 資料集有相同節點數量、平均度、群集係數的圖。此模型的度分佈與實際分佈相比如何?

練習 *4-3*

Barabási 與 Albert 的論文的資料檔案可從 *https://thinkcomplex.com/netdata* 下載。他們的演員合演資料放在本書程式庫的 actor.dat.gz 檔案中。下面的函式讀取此檔案並建構圖:

```
import gzip

def read_actor_network(filename, n=None):
    G = nx.Graph()
    with gzip.open(filename) as f:
        for i, line in enumerate(f):
            nodes = [int(x) for x in line.split()]
            G.add_edges_from(thinkcomplexity.all_pairs(nodes))
            if n and i >= n:
                break
    return G
```

計算圖中的演員數量與平均度。在雙對數坐標系繪製度 PMF。還有對數 -x 坐標系的度 CDF 以檢視分佈形態、雙對數坐標系以檢視尾是否服從冪定律。

注意：演員網路沒有連結，因此要使用 nx.connected_component_subgraphs 找出連結節點子集。

## 第五章

細胞自動機

細胞自動機（**cellular automaton**，CA）是具有極簡單物理的世界的模型。"細胞"表示此世界由稱為細胞的個體分割。"自動機"是執行計算的機器——可以是真正的機器，但通常"機器"是個數學抽象描述或計算模擬。

這一章展示 Stephen Wolfram 於 1980 年代執行的實驗，它顯示某些細胞自動機做出驚人的複雜行為，包括能夠執行任意計算。

我討論這些結果的意義，並在最後提出以 Python 實作 CA 的方法。

一個簡單的 CA

細胞自動機[1]由決定細胞在時間進行下狀態變化的規則主宰。

一個例子是單一細胞的細胞自動機。此細胞在時間步驟 i 的狀態是整數 x_i。初始條件為 $x_0 = 0$。

接下來需要一個規則。我隨意選擇 $x_{i+1} = x_i + 1$，這表示每個時間步驟下，CA 的狀態加一。因此此 CA 執行簡單的計算：計數。

但此 CA 非典型；通常可能的狀態數量是有限的。舉例來說，若有個細胞只能具有 0 或 1 兩種狀態。對一個二狀態的 CA，我們可以將規則寫為 $x_{i+1} = (x_i + 1)\%2$，% 是餘數（或模數）運算子。

1　有時使用複數的 "automata"。

此 CA 的行為很簡單：閃動。也就是說細胞的狀態在每個時間步驟中切換 0 與 1。

大部分的 CA 是**確定（deterministic）**的，這表示規則沒有隨機的元素；相同的初始狀態總是產生相同的結果。但有些 CA 是不確定的；稍後會看到。

這一節的 CA 只有一個細胞，因此我們可以將它視為零維。這一章後面會討論一維（1-D）的 CA；下一章會討論二維的 CA。

Wolfram 實驗

Stephen Wolfram 與 1980 年代早期發表一系列系統化研究一維 CA 的論文。他發現四類行為，每個都比前一個有意思。這些論文，"Statistical mechanics of cellular automata"，見 *https://thinkcomplex.com/ca*。

在 Wolfram 的實驗中，細胞以格（lattice）安排（參見第 24 頁 "Watts 與 Strogatz" 一節），每一個細胞連接兩個鄰居。格呈有限、無限、或環狀排列。

決定系統隨著時間演化的規則基於 "環境" 的概念，由一組細胞決定某個細胞的下一個狀態。Wolfram 的實驗使用三細胞環境：細胞本身與兩個鄰居。

在這些實驗中，細胞有兩個狀態，寫為 0 與 1，因此規則可用對應環境狀態（三個狀態的數組）與中央細胞的下一個狀態的表來表示。下面是一個對應表的例子：

前	111	110	101	100	011	010	001	000
後	0	0	1	1	0	0	1	0

第一列顯示八種可能的環境狀態。第二列顯示中央細胞在下一個時間步驟的狀態。Wolfram 以第二列的二進位數值命名這個表；由於二進位的 00110010 是十進位的 50，因此 Wolfram 將此 CA 命名為 "Rule 50"。

圖 5-1 顯示 10 個時間步驟後的 Rule 50。第一列顯示系統在第一個時間步驟的狀態；它從一個細胞是 "on" 而其餘是 "off" 開始。第二列顯示系統在下一個時間步驟的狀態，以此類推。

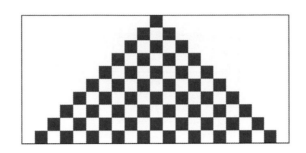

圖 5-1　10 個時間步驟後的 Rule 50

圖中的三角形是這種 CA 的典型；由環境形狀產生的結果。在一個時間步驟中，每個細胞在兩個方向影響鄰居的狀態。在下一個時間步驟，該影響在兩個方向進一步傳播。因此過去的每一個細胞具有一個所有被它影響的 "影響三角"。

CA 的分類

這種 CA 有多少個？

由於細胞不是 on 就是 off，我們可以用一個位元代表一個細胞的狀態。在三個細胞的環境中有八種可能的配置，因此有八筆記錄。且由於每個記錄有一個位元，我們可以用八位元表示一個表。八個位元可表示 256 個規則。

Wolfram 的第一個實驗之一是測試這 256 種可能並加以分類。

從視覺檢視結果，他提出 CA 的行為可以分成四類。類 1 具有最簡單（無趣）的 CA，從任何初始條件演化出相同的樣式。一個例子是 Rule 0 總是在一個時間步驟後產生空樣式。

類 2 的一個例子是 Rule 50。它產生套疊結構的簡單樣式，也就是樣式帶有較小版本的本身。Rule 18 產生更清楚的套疊結構；圖 5-2 顯示 64 個步驟後的樣子。

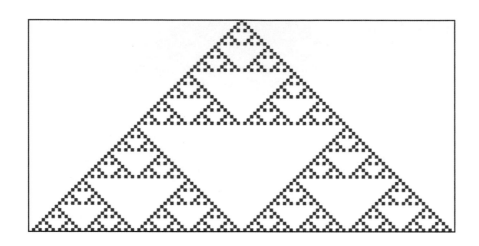

圖 5-2　64 個步驟後的 Rule 18

此樣式類似 Sierpiński 三角，更多資訊見 *https://thinkcomplex.com/sier*。

有些類 2 的 CA 產生複雜且美麗的樣式，但較類 3 與類 4 簡單。

隨機

類 3 是產生隨機性的 CA。例如 Rule 30；圖 5-3 顯示 100 個步驟後的樣子。

它的左邊有明顯的模式，右邊有各種大小的三角形，但中間相當隨機。事實上，若將中間欄視為連續的位元，它很難與真正的隨機序列區分。它可以通過是否隨機的統計測試。

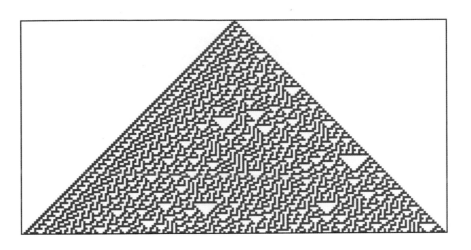

圖 5-3　100 個步驟後的 Rule 30

產生類似隨機數的程式稱為 **pseudo-random number generators**（PRNG）。它們不被視為真正的隨機是因為：

- 許多這種程式產生在統計上可偵測出規律的序列。舉例來說，C 函式庫原始的 rand 實作，使用了線性同餘方法產生容易檢測系列關聯的序列。

- 任何使用有限狀態量（也就是儲存體）的 PRGN 最終都會重複本身。程序的一項特徵是這種重複的**週期**。

- 其底層程序基本上是決定性的，不像放射性衰變與熱噪等物理過程，被視為真正的隨機。

現代的 PRNG 產生的序列在統計上與隨機無法區分，可實作成重複週期比宇宙崩塌還長。這些程序的存在提出了一個問題，就是好的 PRNG 序列與 "真正" 的隨機過程產生的序列是否有差別。Wolfram 在《*A New Kind of Science*》中提出兩者沒有差別（第 315-326 頁）。

決定論

類 3 的存在令人感到驚奇。要說有多驚人，讓我們從**決定論**（determinism）談起（見 *https://thinkcomplex.com/deter*）。許多哲學論述很難準確定義，因為它們有各式各樣的形式。我發現以從弱到強排序的陳述定義它們很有用：

D1

決定論模型可精準的預測某些物理系統。

D2

許多物理系統可用決定論程序製作模型，但某些系統在本質上是隨機的。

D3

所有事件都是前面事件的因果，但許多物理系統無論如何都無法預測。

D4

所有事件都是前面事件的因果，且（原則上）能夠預測。

我設定此範圍的目標是讓 D1 很弱使每個人都能接受，且 D4 很強使人不能接受，而介於中間的陳述讓部分人接受。

外界的普遍看法隨著歷史演進與科學發展在此範圍中擺盪。科學革命前，許多人認為世界在本質上不可預測或由超自然力量控制。牛頓力學的勝利讓有些樂觀主義者相信 D4；例如 Pierre-Simon Laplace 寫到：

> 我們可以把宇宙現在的狀態視為其過去的果以及未來的因。假若一位智者能知道在某一時刻所有促使自然運動的力和所有組成自然的物體的位置，假若他也能夠對這些數據進行分析，則在宇宙裡，從最大的天體到最小的原子的運動都會包含在一條簡單公式裏。對於這位智者來說，沒有事物是不確定的，且未來會像過去一般呈現在他眼前。

此 "智者" 後來被稱為 "拉普拉斯妖"。更多資訊見 *https://thinkcomplex.com/demon*。"妖" 在此背景中代表 "靈"，沒有邪惡的意思。

19 與 20 世紀的發現漸漸地讓拉普拉斯的希望破滅。熱動力學、放射性、量子力學對決定論提出強而有力的質疑。

混沌理論在 1960 年代顯示某些決定論系統僅能預測短時間尺度，受限於初始條件的測量精度。

這種系統大部分都在空間（若非時間）連續且非線性，因此其行為的複雜性並非完全的意外。Wolfram 展示的簡單細胞自動機的複雜行為更為驚人，且對決定論世界觀來說是困擾。

到目前為止，我一直專注於決定論的科學挑戰，但最長期的反對意見是決定論與人類自由意志之間的明顯衝突。複雜性科學可以解決這種衝突；我會在第 139 頁 "湧現與自由意志" 中回到這個主題。

太空船

CA 類 4 的行為更驚人。有幾個一維的 CA，特別是 Rule 110，具**圖靈完備性**（**Turing complete**），意思是它們能計算任何可計算的函式。這種又稱為**普遍性**的特質於 1998 由 Matthew Cook 證明。見 *https://thinkcomplex.com/r110*。

圖 5-4 顯示單細胞初始條件與 100 時間步驟的 Rule 110。它在這種時間尺度下的特點不是很明顯，有些固定樣式但還有難以辨識的特徵。

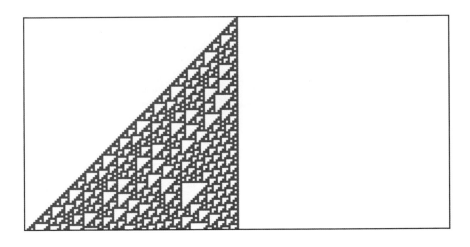

圖 5-4　100 時間步驟後的 Rule 110

圖 5-5 顯示更大的圖，從隨機初始條件開始 600 時間步驟。

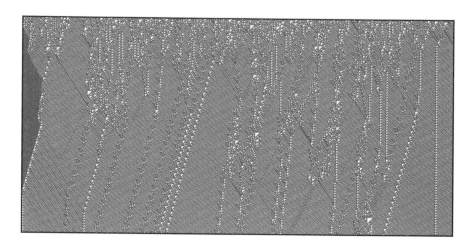

圖 5-5　隨機初始條件與 600 時間步驟的 Rule 110

約 100 個步驟後背景開始穩定為簡單的重複樣式，但有一些固定結構的擾動。部分擾動的結構穩定，因此以垂直線出現。有些以不同橫向速度在對角線移動。這些結構被稱為**太空船**。

太空船的碰撞會根據太空船的類型與所處階段而產生不同的結果。有些碰撞使兩個太空船湮滅；有些會留下一個完好的太空船；有些會產生一或多個不同類型的太空船。

這些碰撞是 Rule 110 這個 CA 的計算基礎。若將太空船想做是在太空中傳播的信號，而碰撞是 AND 與 OR 等邏輯運算閘，則你可以看到所謂的 CA 執行計算是什麼意思。

通用性

要理解通用性，我們必須理解可計算理論，它是計算與要計算什麼的模型。

圖靈機器是最通用的計算模型之一，它是 Alan Turing 於 1936 年提出的抽象計算機。圖靈機器是個一維 CA，兩個方向均無限，配置一個讀寫頭。讀寫頭在任何時間都位於一個格上。它可以讀取該格的狀態（通常只有兩個狀態），也可以寫入新值。

此外，這個機器有個暫存器（register），它記錄機器的狀態（有限狀態數字之一）與規則表。對每個機器狀態與格狀態，表有指定的動作。動作包括修改讀寫頭所在格，並向左或右移動。

圖靈機器不是電腦的實用設計，但它建立一般電腦架構的模型。對一個在真正電腦上跑的程式，它可以（至少在原則上）建構一個執行相同計算的圖靈機器。

圖靈機器有用是因為能夠將圖靈機器可計算的一組函式特徵化，這就是 Turing 所做的事情。這一組函式稱為 "圖靈可計算"。

圖靈機器能計算任何圖靈可計算函式的陳述是個恆真式：依定義為真。但圖靈可計算性更有意思。

任何人做出的合理計算模型都是 "圖靈完備" 的；也就是說它可以計算圖靈機器能計算的同一組函式。lamdba calculus 等模型與圖靈機器很不同，因此它們的等效很令人意外。

這種觀察產生邱奇 - 圖靈論題（Church-Turing thesis），它宣稱這些可計算定義捕捉了一些獨立於任何計算模型的本質。

Rule 110 也是另一個計算模型，特點是它的簡單性。結果它也是支持邱奇 - 圖靈論題的圖靈完備。

Wolfram 在《*A New Kind of Science*》表示過此論題的一種變形，稱為 "計算性等效原則"（見 *https://thinkcomplex.com/equiv*）：

> 幾乎所有看起來不簡單的程序都可視為複雜度相等的計算。

> 更具體的說，計算性等效原則表示自然界的系統可執行計算到最大（"通用"）計算能力，而大多數系統確實達到這種計算能力。因此大部分系統在計算性上等效。

在這種定義下，類 1 與類 2 的 CA 都是 "很明顯的簡單"。類 3 看起來不像它們一樣簡單，但完美隨機在某種方面與完美有序一樣簡單。因此 Wolfram 提出類 4 行為在自然世界中很普遍，且所有系統幾乎都在計算性上等效。

可證偽性

Wolfram 認為他的原理是較邱奇 - 圖靈論題更強的宣告，因為它是關於自然世界而非計算的抽象模型。但說自然程序"可視為計算"對我更像是理論選擇的陳述而非對自然世界的假設。

還有，"幾乎"這種量的描述與"明顯簡單"這種無定義的詞使他的假設**不可證偽**（**unfalsifiable**）。可證偽性（falsifiability）是科學哲學的概念，由 Karl Popper 提出以區分科學假設與偽科學。如果有一個實驗證偽，至少在實踐領域，則與假設矛盾，因此這個假設是可以證偽的。

舉例來說，所有地球生命來自同一個祖先的說法可證偽，是因為它明確預測現代物種（除其他東西）在基因上的相似性。若我們發現 DNA 與我們幾乎完全不同的新物種，則與共同祖先的理論抵觸（至少提出一個問題）。

另一方面，"創造論"宣稱物種由超自然力量以現在的樣子所創造，它不可證偽是因為沒有我們在自然世界可觀察的東西會與其抵觸。任何實驗的任何結果都可歸因於造物主的意志。

不可證偽的假設很有說服力是因為它們不可能反駁。若你的目標是永遠不會被證明是錯的，你應該盡可能選擇不可證偽的假設。

但若你的目標是對世界做出可靠的預測（科學的目標之一），則不可證偽的假設無用。問題在於它們沒有後果（若有後果則會是可證偽的）。

舉例來說，若創造論是真的，知道對我有什麼好處？它不會告訴我任何關於造物主的事情，除了"造物主特別偏愛甲蟲"外（語出 J. B. S. Haldane）。且與服從科學與生物工程的演化論不同，它對認識或模擬世界無用。

這是什麼模型？

有些細胞自動機是數學產物。它們有意思是因為驚人、實用、漂亮、或提供建構新數學的工具（例如邱奇 - 圖靈論題）。

但目前尚不清楚它們是否為物理系統的模型。如果它們是，它們是高度抽象的，也就是說它們不是非常詳細或現實。

舉例來說，某些蝸牛在殼上產生類似細胞自動機產生的花紋（見 *https://thinkcomplex.com/cone*）。所以很自然的會假設有個 CA 是產生殼花紋機制的模型。但至少在一開始不是很清楚模型的元素（所謂的細胞、鄰居間的通訊、規則）如何對應蝸牛的元素（細胞、化學信號、蛋白質互動網路）。

對傳統物理模型，真實是美德。若模型的元素對應物理系統的元素，則模型與系統間有明顯的類比。一般來說，我們預期越真實的模型做出越好的預測，且提出更有說服力的解釋。

當然，這最多在達到某一點前為真。越詳細的模型越難操作且通常更難分析。模型在某一點會複雜到較系統更難以實驗。

另一方面，簡單模型很吸引人是因為簡單。

簡單模型提出與細節模型不同類型的解釋。細節模型的陳述像這樣："我們對物理系統 S 感興趣，因此建構細節模型 M，分析與模擬 M 展現出行為 B，它類似（定性或定量）真實系統的觀察結果。因此為什麼發生 O？因為 S 類似 M 且 B 類似 O，我們可以證明 M 產生 B"。

簡單模型不能宣稱 S 類似 M，因為並不是。相反的，它的陳述像這樣："這一組模型有共同的特徵。具有這些特徵的模型會展現出 B 行為。若做出類似 B 的 O 觀察，一種解釋是系統 S 具有一組足以產生 B 的特徵"。

對於這種陳述，加入更多特徵也沒助益。讓模型更真實並不會讓模型更可靠；它只會掩蓋導致 B 的基本特徵與 S 特有的偶發特徵之間的差異。

圖 5-6 顯示這種模型的邏輯結構。特徵 *x* 與 *y* 足以產生該行為。加入更多細節，例如 *w* 與 *z*，可能會讓模型更真實，但並未提高解釋的說服力。

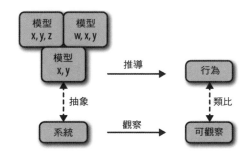

圖 5-6　一個簡單物理模型的邏輯結構

實作 CA

為產生這一章的圖,我撰寫稱為 Cell1D 的 Python 類別以表示一維細胞自動機,還有 Cell1DViewer 類別來繪製結果。兩者都定義於本書程式庫的 Cell1D.py 中。

為儲存 CA 的狀態,我使用一個 NumPy 陣列,一欄一個細胞,一列一個時間步驟。

為解釋此實作如何運作,我會從計算每個環境中的細胞的奇偶性的 CA 開始。一個數字是偶數時其 "奇偶性" 為 0 而單數時為 1。

我使用 NumPy 的 zeros 函式建構零陣列,然後在第一列中間放入一個 1。

```
rows = 5
cols = 11
array = np.zeros((rows, cols), dtype=np.uint8)
array[0, 5] = 1
print(array)

[[ 0.  0.  0.  0.  0.  1.  0.  0.  0.  0.  0.]
 [ 0.  0.  0.  0.  0.  0.  0.  0.  0.  0.  0.]
 [ 0.  0.  0.  0.  0.  0.  0.  0.  0.  0.  0.]
 [ 0.  0.  0.  0.  0.  0.  0.  0.  0.  0.  0.]
 [ 0.  0.  0.  0.  0.  0.  0.  0.  0.  0.  0.]]
```

uint8 資料型別表示 array 的元素是無正負號 8 位元整數。

plot_ca 以圖形顯示 array 的元素:

```
import matplotlib.pyplot as plt

def plot_ca(array, rows, cols):
    cmap = plt.get_cmap('Blues')
    plt.imshow(array, cmap=cmap, interpolation='none')
```

我依照慣例以 plt 為名匯入 pyplot。get_cmap 函式回傳顏色對應,它將陣列值對應到顏色。'Blues' 將 on 細胞繪製成深藍色而 off 細胞繪製成淡藍色。

imshow 以 "圖像" 顯示陣列;也就是將每個陣列元素畫出一個色方塊。將 interpolation 設為 none 表示 imshow 在 on 與 off 細胞間不做間隔。

要計算 CA 在時間步驟 i 的狀態,我們必須相加 array 的連續元素並計算和的奇偶性。
我們可以使用分割運算子選取元素,並以模數運算子計算奇偶性:

```
def step(array, i):
    rows, cols = array.shape
    row = array[i-1]
    for j in range(1, cols):
        elts = row[j-1:j+2]
        array[i, j] = sum(elts) % 2
```

rows 與 cols 是陣列的維數。row 是陣列的前一列。

迴圈的每一輪選取 row 的三個元素、相加、計算奇偶性、將結果儲存在列 i。

此例中,格是有限的,因此第一個與最後一個細胞僅有一個鄰居。為處理這種特殊狀
況,我不更新第一個與最後一個欄;它們永遠是 0。

互相關

前一節的操作 —— 從陣列選取元素並相加 —— 在很多領域中都是很有用的操作,因此它
有個名稱:**互相關**(**cross-correlation**)。NumPy 有這個函式,稱為 correlate,它計算
互相關。這一節會示範如何使用 NumPy 撰寫更簡單更快的 step。

NumPy 的 correlate 函式輸入陣列 a、"窗口" w、長度 N 並計算出新陣列 c,其元素 k
是下列式子的和:

$$c_k = \sum_{n=0}^{N-1} a_{n+k} \cdot w_n$$

我們可以用 Python 寫出此操作:

```
def c_k(a, w, k):
    N = len(w)
    return sum(a[k:k+N] * w)
```

此函式計算 a 至 w 間的互相關的元素 k。為顯示它如何運作，我會建構一個整數陣列：

```
N = 10
row = np.arange(N, dtype=np.uint8)
print(row)
```

```
[0 1 2 3 4 5 6 7 8 9]
```

還有一個窗口：

```
window = [1, 1, 1]

print(window)
```

以這個窗口，每個元素 c_k 是 a 的連續元素的和：

```
c_k(row, window, 0)
3

c_k(row, window, 1)
6
```

我們可以用 c_k 來撰寫 correlate，它計算窗口與陣列重疊的 k 的所有值的 c 元素：

```
def correlate(row, window):
    cols = len(row)
    N = len(window)
    c = [c_k(row, window, k) for k in range(cols-N+1)]
    return np.array(c)
```

執行結果：

```
c = correlate(row, window)
print(c)
```

```
[ 3  6  9 12 15 18 21 24]
```

NumPy 的 correlate 函式執行相同工作：

```
c = np.correlate(row, window, mode='valid')
print(c)
```

```
[ 3  6  9 12 15 18 21 24]
```

mode='valid' 參數表示結果只帶有窗口與陣列重疊的有效元素。

此模式的缺點是結果大小與 array 不同。我們可以改為 mode='same'，它會在 array 前後加零：

```
c = np.correlate(row, window, mode='same')
print(c)

[ 1  3  6  9 12 15 18 21 24 17]
```

現在執行結果與 array 同大小。這一章後面的練習會讓你撰寫執行相同工作的 correlate。

我們可以使用 NumPy 的 correlate 實作撰寫更簡單快速的 step：

```
def step2(array, i, window=[1,1,1]):
    row = array[i-1]
    c = np.correlate(row, window, mode='same')
    array[i] = c % 2
```

這一章的 notebook 有個 step2 可產生與 step 相同的結果。

CA 表

前面使用的函式僅於 CA 是 "相加" 時可行，這表示規則僅依靠鄰居的相加。但很多規則依靠鄰居的 on 與 off。舉例來說，100 與 001 的相加相同，但有許多 CA 會產生不同結果。

我們可以將 step2 改為更通用的窗口與元素 [4, 2, 1]，它將環境解譯為二進位數字。舉例來說，環境 100 產生 4；010 產生 2，而 001 產生 1。然後我們用這些值在規則表中查詢。

下面是更通用的 step2：

```
def step3(array, i, window=[4,2,1]):
    row = array[i-1]
    c = np.correlate(row, window, mode='same')
    array[i] = table[c]
```

前兩行相同。最後一行查詢 table 中的 c 並將結果指派給 array[i]。

下面是計算表的函式：

```
def make_table(rule):
    rule = np.array([rule], dtype=np.uint8)
    table = np.unpackbits(rule)[::-1]
    return table
```

rule 參數是介於 0 至 255 的整數。第一行將 rule 放到單一元素陣列，讓我們可以使用 unpackbits 將規則數字轉換成二進位表示。舉例來說，下面是 Rule 150 的表：

```
>>> table = make_table(150)
>>> print(table)
[0 1 1 0 1 0 0 1]
```

這一節的程式放在本書程式庫的 Cell1D.py 中的 Cell1D 類別中。

練習

這一章的程式碼在本書程式庫的 chap05.ipynb 中。開啟此 notebook、讀程式碼、執行。你可以使用此 notebook 進行這一章的練習。我的答案放在 chap05soln.ipynb。更多使用資訊見第 xi 頁的 "使用程式碼"。

練習 *5-1*

撰寫回傳與 np.correlate 加上 mode='same' 相同結果的 correlate。提示：使用 NumPy 的 pad 函式。

練習 *5-2*

此練習要求你對 Rule 110 與其太空船做實驗。

1. 讀維基上描述 Rule 110 的背景樣式與太空船的頁：*https://thinkcomplex.com/r110*。

2. 建構 Rule 110 的 CA 與產生穩定背景樣式的初始條件。

   注意 Cell1D 類別有個 start_string 可使用 1 與 0 字串將陣列的狀態初始化。

3. 在列中央加上不同樣式以修改初始條件，並看看哪一個會產生太空船。你可能會想要列舉一些合理 *n* 值的所有可能的 *n* 位元樣式。你可以找出每個太空船的週期與移動速率嗎？你可以找出多大的太空船？

4. 太空船碰撞時會發生什麼事？

練習 5-3

這個練習的目標是實作一個圖靈機器。

1. 讀維基上圖靈機器的說明：*https://thinkcomplex.com/tm*。

2. 撰寫實作圖靈機器的 Turing 類別。使用三狀態的 busy beaver 規則。

3. 撰寫產生磁碟狀態與讀寫頭位置和狀態的圖的 TuringViewer 類別。範例見 *https://thinkcomplex.com/turing*。

練習 5-4

此練習要求你實作與測試多個 PRNG。測試需要安裝來自 *https://thinkcomplex.com/dh* 或你的作業系統的套件的 DieHarder。

1. 實作 *https://thinkcomplex.com/lcg* 描述的線性同餘產生器。使用 DieHarder 測試。

2. 閱讀 Python 的 random 模組的文件。它使用什麼 PRNG？測試它。

3. 實作數百個細胞的 Rule 30 CA，在合理時間內盡可能執行多個時間步驟，並以位元序列輸出中間欄。測試它。

練習 5-5

可證偽是個有用的概念，但科學哲學界並沒有全面接受 Popper 主張以它作為劃界問題（demarcation problem）的答案。

閱讀 *https://thinkcomplex.com/false* 並回答下列問題。

1. 劃界問題是什麼？

2. Popper 提出的可證偽性如何解決劃界問題？

3. 舉出一個科學理論與一個非科學理論，以可證偽性條件區分兩者。

4. 你能否總結哲學家和科學史對 Popper 的主張提出的一個或多個反對意見？

5. 你是否認為實踐哲學家高度重視 Popper 的工作？

## 第六章

生命遊戲

這一章討論二維細胞自動機,特別是 John Conway 的生命遊戲(Game of Life, GoL)。如同某些前一章討論的一維 CA,GoL 服從簡單的規則並產生驚人的複雜行為。又如同 Wolfram 的 Rule 110,GoL 是通用的;也就是說它可以計算任何可計算的函式,至少在理論上是如此。

GoL 的複雜行為對科學哲學提出問題,特別是關於現實主義與工具主義。我會討論這些問題並列出額外讀物。

這一章最後會展示以 Python 實作 GoL 的方式。

Conway 的 GoL

首先被研究的細胞自動機之一,且或許最出名的是稱為 "生命遊戲" 或 GoL 的二維 CA。它由 John H. Conway 開發,並於 1970 年因 Martin Gardner 在 *Scientific American* 的專欄文章而出名。見 *https://thinkcomplex.com/gol*。

GoL 中的細胞以二維矩陣排列,也就是由列與欄組成的陣列。此矩陣通常被視為無限,但實務上通常有 "包裹";也就是說右邊連接左邊,而頂邊連接底邊。

矩陣中的格子有 "活與死" 與 "八個鄰居"(東南西北與四個斜對角)兩種狀態。鄰居們有時稱為 "穆爾環境(Moore neighborhood)"。

如同前一章的一維 CA,GoL 根據如同簡單物理法則的規則演化。

在 GoL 中，每個細胞的下一個狀態依目前狀態與活鄰居數量而定。若細胞是活的，如果有 2 或 3 個鄰居則繼續存活，否則就得死。若細胞是死的，則繼續死下去直到正好有 3 個鄰居。

這種行為有點像真正的細胞：孤立或太過擁擠會死；適當密度則蓬勃。

GoL 很出名是因為：

- 簡單的初始條件會產生驚人的複雜行為。

- 有許多穩定的樣式：有些會擺盪（各種週期），有些移動如同 Wolfram 的 Rule 110 太空船。

- 如同 Rule 110，GoL 是圖靈完備的。

- 另一個受矚目的因素是 Conway 的猜測——沒有初始條件能無盡的增加活細胞數量。他提出 50 元的懸賞給任何可提出證明或反證的人。

- 電腦能力的提升使自動機計算與圖形顯示結果可行。

生命樣式

若從隨機狀態開始執行 GoL，可能會出現幾個穩定的樣式。人們漸漸識別出這些樣式並加以命名。

舉例來說，圖 6-1 顯示稱為 "蜂窩" 的穩定樣式。蜂窩中的每個細胞有 2 或 3 個鄰居，因此都存活且死細胞都沒有相鄰的 3 個鄰居，因此不會生出新細胞。

另一個樣式稱為 "振盪"；也就是它們隨著時間改變但最終回到初始狀態（若未與其他樣式碰撞）。舉例來說，圖 6-2 顯示稱為 "蟾蜍" 的樣式，它在兩個狀態間來回振盪。此振盪的 "週期" 為 2。

圖 6-1　稱為蜂窩的樣式

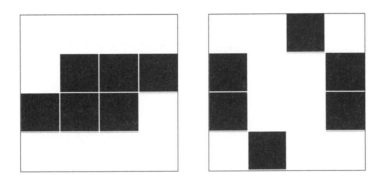

圖 6-2　稱為蟾蜍的振盪

最後，有些樣式振盪並回到初始狀態，但移動位置。由於這些樣式看起來會動，因此稱為 "太空船"。

圖 6-3 顯示稱為 "滑翔機" 的太空船。四個步驟後，滑翔機回到初始狀態，向右下移動一個單元。

圖 6-3　稱為滑翔機的太空船

視啟動方向，滑翔機可沿著四個對角移動。還有水平與垂直移動的太空船。

人們花了大量可恥的時間找尋與命名這些樣式。網路上可以找到很多人的收藏。

Conway 的猜測

GoL 可從大部分的初始狀態，很快的到達活細胞數量近乎不變（可能有些振盪）的穩定狀態。

但有些簡單的初始條件會產生驚人的活細胞數量，並需要很長時間才會穩定。由於這種樣式很長壽，因此被稱為 "Methuselah"。

簡單的 Methuselah 之一是 r-pentomino，它只有五個細胞，略呈字母 "r" 形狀。圖 6-4 顯示 r-pentomino 的初始形狀與 1103 步後的最終形狀。

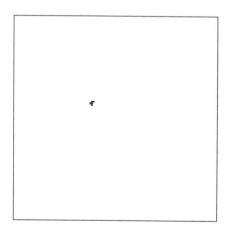
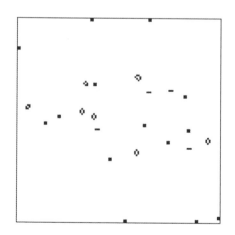

圖 6-4　r-pentomino 的起始與最終形狀

"最終"外形指剩下的樣式穩定、振盪、或不會與其他樣式碰撞的滑翔機。r-pentomino 最終產生 6 個滑翔機、8 個方塊、4 個閃動、1 個艇、1 個船、1 個麵包。

長壽樣式讓 Conway 思考是否有永不穩定的樣式。他猜沒有，但他描述"槍"與"小火車"兩種樣式會證明他是錯的。槍是週期性產生太空船的穩定樣式——持續從源發射太空船，活細胞數量無限增長。小火車持續前進並在路上留下活細胞。

結果這些樣式還真的存在。Bill Gosper 領導的團隊第一個發現如圖 6-5 所示稱為 Gosper's Gun 的滑翔機槍。Gosper 還第一個發現小火車。

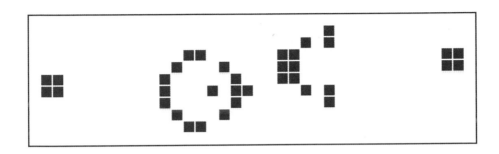

圖 6-5　Gosper 的滑翔機槍，它持續發射滑翔機

許多樣式同時屬於這兩種類型，但不容易設計或尋找。這並非巧合。Conway 刻意將 GoL 的規則設計成很難看出此猜測的真偽。大部分的二維 CA 規則產生簡單的行為：大部分的初始條件很快的穩定或失控。透過避開無趣的 CA，Conway 也避開 Wolfram 的類 1 與類 2 行為，甚至是類 3。

若相信 Wolfram 的計算等效原則，我們可以預期 GoL 會是類 4，它實際上就是。生命遊戲於 1982 年（並獨立的於 1983 年再次）證明是圖靈完備的。此後有很多人建構實作圖靈機器或其他已知圖靈完備的 GoL 樣式。

現實主義

GoL 的穩定樣式很難不被注意，特別是會移動的。雖然很自然的會將它視為固定實體，但要記得 CA 由細胞組成；並沒有蟾蜍或麵包。滑翔機與其他太空船更不切實，因為它們並不一直由相同細胞組成。因此這些樣式如同星座。我們會看到是因為我們擅長辨識樣式或我們有想像力，但它們並不真實。

是嗎？

還不要下結論。許多我們視為 "真實" 的實體也是小尺度實體組成的樣式。颶風只是氣流的樣式，但我們還幫它命名。人如同滑翔機並不一直都由同一群細胞組成。

這不是新發現——Heraclitus 在 2500 年前就指出你不能踏進同一條河兩次——但出現在生命遊戲的實體是思考科學現實主義有用的測試案例。

科學現實主義與科學理論及其表述的實體有關。理論以屬性與行為表述實體。舉例來說，電磁理論以電子與磁場表述。有些經濟理論以供給、需求、市場表述。生物學理論以基因表述。

但這些實體真實嗎？也就是說它們是否獨立於我們與理論而存在？

我再次發現以強度範圍描述哲學位階很有用；以下從弱至強列出四個科學現實主義的陳述：

SR1

科學理論依接近事實的程度非真即偽，但沒有理論全真。有些表述實體是真的，但沒有確認方法。

SR2

隨著科學發展，理論越來越接近真實。至少某些表述實體已知為真。

SR3

有些理論全真；有些接近真。實體以真理論表述，而有些以近真理論表述的實體是真實的。

SR4

正確描述真實的理論為真，不然為否。以真實理論表述的實體為真；不然為否。

SR4 強到或許站不住腳；在這種嚴格的條件下，目前所有已知理論幾乎都為偽。大部分現實主義者接受 SR1 與 SR3 之間。

工具主義

但 SR1 弱到接近工具主義，它認為理論是達成目的工具：理論或多或少對目的有用，但我們不能說它是真是偽。

為判斷你是否接受工具主義，我做出下列的測試。閱讀下面的陳述，同意記一點。四點或以上表示你可能是工具主義者！

"生命遊戲中的實體非真；它們只是取了可愛名字的細胞樣式"

"颱風只是氣流樣式，但是個有用的描述，因為它能讓我們做出預測與討論氣象"

"弗洛伊德的本我與超我並非真的實體，但是個有用的心理學思考與溝通工具（至少人們是這麼認為的）"

"電與磁場是最好的電磁學理論中的表述實體，但它們不是真的。我們可以建立不以場表述的理論，它一樣有用"

"世界上有許多我們視為物體的東西是如同星座一樣的任意集合。舉例來說，蘑菇只是真菌的子實體，其中大部分是作為一個幾乎不連續的細胞網路在地下生長。我們因視覺與食用等實務原因而專注於蘑菇"

"有些物體有明確的界限，有些則不。舉例來說，分子是身體的一部分：肺中的空氣呢？胃中的食物呢？血液與細胞中的養分與水分呢？頭髮？死皮？皮膚上的細菌？線粒體？這些分子算在你的體重中嗎？將世界視為離散物體很有用，但我們所謂的實體不是真的"

若你對某些陳述的接受度較其他陳述高，自問為何。什麼差異影響你？你能建立區分的原則嗎？

更多工具主義的資訊見 *https://thinkcomplex.com/instr*。

實作生命

這一章後面的練習會要求你實驗與修改生命遊戲並實作其他二維細胞自動機。這一節說明我的 GoL 的實作，你可以用它進行實驗。

為顯示細胞的狀態，我使用 8 位元無正負號整數的 NumPy 陣列。下面的範例建構 10 乘 10 的陣列，以隨機的 0 與 1 做初始值：

```
a = np.random.randint(2, size=(10, 10), dtype=np.uint8)
```

有幾種方式可計算 GoL 規則，最簡單的方式是以迴圈迭代陣列的列與欄：

```
b = np.zeros_like(a)
rows, cols = a.shape
for i in range(1, rows-1):
    for j in range(1, cols-1):
        state = a[i, j]
        neighbors = a[i-1:i+2, j-1:j+2]
        k = np.sum(neighbors) - state
        if state:
            if k==2 or k==3:
                b[i, j] = 1
        else:
            if k == 3:
                b[i, j] = 1
```

一開始，b 是與 a 大小相同的零陣列。迴圈的每一輪中，state 是中央細胞的狀態，而 neighbors 是 3×3 的環境。k 是活鄰居的數量（不含中央細胞）。套疊的 if 陳述依 GoL 規則開關 b 中的細胞。

此實作直接解譯規則，但又長又慢。我們可如第 67 頁 "互相關" 一節所見使用互相關。我們可使用 np.correlate 計算一維相關。接下來為執行二維互相關，我們會使用信號處理的 SciPy 模組的 scipy.signal 的 correlate2d：

```
from scipy.signal import correlate2d

kernel = np.array([[1, 1, 1],
                   [1, 0, 1],
                   [1, 1, 1]])

c = correlate2d(a, kernel, mode='same')
```

一維相關中的 "窗口" 在二維相關中稱為 "核心（kernel）"，但概念相同：correlate2d 乘核心與資料以選取環境，然後計算結果。此核心選取 8 個圍繞中央細胞的鄰居。

correlate2d 將核心應用在陣列中的每個位置加上 mode='same'，使結果大小與 a 相同。

接下來我們可以使用邏輯運算子計算規則：

```
b = (c==3) | (c==2) & a
b = b.astype(np.uint8)
```

第一行計算陣列中應該為活細胞處為 True，否則為 False。然後 astype 轉換布林陣列成整數陣列。

這個版本比較快，或許夠好，但我們可以稍微修改核心以將它簡化：

```
kernel = np.array([[1, 1, 1],
                   [1,10, 1],
                   [1, 1, 1]])

c = correlate2d(a, kernel, mode='same')
b = (c==3) | (c==12) | (c==13)
b = b.astype(np.uint8)
```

這個版本的核心包括中央細胞並賦予權重 10。若中央細胞是 0，結果會介於 0 與 8 之間；若中央細胞是 1，結果會介於 10 與 18 之間。使用此核心可簡化選取值為 3、12、13 的邏輯操作。

看起來沒有很大的改善，但它能做進一步的簡化：以此核心，我們可以如第 69 頁 "CA 表" 一節所述使用細胞值查詢表。

```
table = np.zeros(20, dtype=np.uint8)
table[[3, 12, 13]] = 1
c = correlate2d(a, kernel, mode='same')
b = table[c]
```

table 在 3、12、13 以外的位置都是零。使用 c 檢索 table 時，NumPy 會執行元素間的查詢；也就是說它對 c 的每個值查詢 table 並將結果放到 b。

這個版本比較快且更簡潔；唯一的缺點是比較複雜的說明。

本書程式庫中的 Life.py 有個 Life 類別封裝此規則的實作。執行 Life.py 應該會看到 "小火車" 動畫，它是會在路徑上留下痕跡的太空船。

練習

這一章的程式碼在本書程式庫的 chap06.ipynb 中。開啟此 notebook、讀程式碼、執行。你可以使用此 notebook 進行這一章的練習。我的答案放在 chap06soln.ipynb。更多使用資訊見第 xi 頁的 "使用程式碼"。

練習 *6-1*

以隨機狀態啟動 GoL 並執行直到穩定。你可以看出什麼樣式？

練習 *6-2*

許多著名樣式放在可攜檔案格式中。修改 `Life.py` 以解析其中一種格式並初始化矩陣。

練習 *6-3*

最長壽的小樣式之一是 "兔子"，它從 9 個活細胞開始經過 17331 個步驟達到穩定。各種初始狀態格式見 *https://thinkcomplex.com/rabbits*。載入此狀態並執行。

練習 *6-4*

我的實作使用的 `Life` 類別基於 `Cell2D`，而 `LifeViewer` 類別是基於 `Cell2DViewer`。你可以使用這些基底類別實作其他二維細胞自動機。

舉例來說，一種稱為 "Highlife" 的 GoL 變種具有與 GoL 相同的規則，額外加上一條：有 6 個鄰居的死細胞會復活。

撰寫繼承自 `Cell2D` 的 `Highlife` 類別並實作此規則。撰寫繼承自 `Cell2DViewer` 的 `HighlifeViewer` 類別並嘗試不同的視覺化方式，例如使用不同的顏色對應。

replicator 是 Highlife 中較有趣的樣式之一（見 *https://thinkcomplex.com/repl*）。使用 `add_cells` 以 replicator 初始化 Highlife 並觀察。

練習 *6-5*

將圖靈機器應用至二維或對二維 CA 加上讀寫頭，則產生稱為 Turmite 的細胞自動機。參考白蟻（termite）命名是因為讀寫頭的移動方式，並向 Turing 致敬。

最著名的 Turmite 是 Chris Langton 於 1986 年發現的螞蟻。見 *https://thinkcomplex.com/langton*。

這個螞蟻是被視為東南西北四個狀態的讀寫頭。細胞有黑白兩個狀態。

規則很簡單，每個步驟中，螞蟻檢查所在位置的細胞顏色，黑則右轉，將細胞變白，前進一步。白則左轉，將細胞變黑，前進一步。

對這個規則簡單且只有一個移動單元的簡單世界，你或許會預期簡單的行為。從全白的細胞開始，Langton 螞蟻在進入 104 步循環前有 10,000 步以上看似隨機的樣式。進入循環後螞蟻會走斜角，留下稱為"高速公路"的軌跡。

實作 Langton 螞蟻。

## 第七章

物理模型

細胞自動機並非物理模型；也就是說它們並未想過要描述真實世界中的系統。但某些 CA 打算作為物理模型。

這一章討論模擬化學物質的 CA，它擴散並相互反應，這是 Alan Turing 對一些動物樣式如何發展的過程提出的解釋。

我們還會試驗一種 CA，它通過多孔材料模擬液體滲透，例如水通過咖啡渣。這個模型是**展示相變（phase change）**行為和**碎形（fractal）幾何**的幾個模型中的第一個，我將解釋這兩個意味著什麼。

擴散

Alan Turing 於 1952 年發表的 "The chemical basis of morphogenesis" 描述兩個在空間中擴散並相互反應的化學物質的系統的行為。他展示這種系統根據擴散與反應速率產生多種樣式，並猜測這樣子的系統對生物成長過程很重要，特別是花紋的發展。

Turing 的模型基於微分方程式，但可使用細胞自動機實作。

在進入 Turing 的模型前，我們會從較簡單的東西開始：只有一個化學物質的擴散系統。我們會使用一個二維 CA，每個細胞的狀態是表示濃度的連續量（通常介於 0 與 1）。

我們以比較細胞與前鄰居的平均建立擴散過程的模型。若中央細胞的濃度超過鄰居平均，則化學物質從中央流向鄰居。若若中央細胞的濃度低於鄰居平均，則化學物質從鄰居流向中央。

下面的核心計算每個細胞與其鄰居平均的差：

```
kernel = np.array([[0, 1, 0],
                   [1,-4, 1],
                   [0, 1, 0]])
```

我們以 np.correlate2d 將此核心應用在陣列中的每個元素：

```
c = correlate2d(array, kernel, mode='same')
```

我們使用擴散常數 r 將濃度差異與流速相關聯：

```
array += r * c
```

圖 7-1 顯示大小 n=9、擴散常數 r=0.1、除中間 "島嶼" 外初始濃度為 0 的 CA 的結果。
此圖顯示初始狀態與 5 及 10 個步驟後的狀態。化學物質從中間向外持續擴散直到全部
濃度相等。

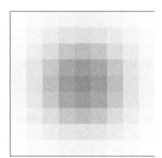

圖 7-1　0、5、10 步驟後的簡單擴散模型

反應 – 擴散

讓我們加入第二個化學物質。我會定義 ReactionDiffusion 這個新物件，它有兩個陣列代
表兩個化學物質：

```
class ReactionDiffusion(Cell2D):

    def __init__(self, n, m, params, noise=0.1):
        self.params = params
        self.array = np.ones((n, m), dtype=float)
        self.array2 = noise * np.random.random((n, m))
        add_island(self.array2)
```

n 與 m 是陣列的列與欄數。params 是參數的數組，下面會說明。

array 代表第一個化學物質 A 的濃度；NumPy 的 ones 將所有元素初始化為 1。float 資料型別表示 A 的元素是浮點數。

array2 代表第二個化學物質 B 的濃度，以介於 0 與預設值 0.1 的 noise 之間的隨機值初始化。然後 add_island 在中間加入高濃度島嶼：

```
def add_island(a, height=0.1):
    n, m = a.shape
    radius = min(n, m) // 20
    i = n//2
    j = m//2
    a[i-radius:i+radius, j-radius:j+radius] += height
```

島嶼的半徑是 n 或 m 較小值的二十分之一。島嶼的高度為 height，預設值為 0.1。

以下是更新陣列的 step 函式：

```
def step(self):
    A = self.array
    B = self.array2
    ra, rb, f, k = self.params

    cA = correlate2d(A, self.kernel, **self.options)
    cB = correlate2d(B, self.kernel, **self.options)

    reaction = A * B**2
    self.array += ra * cA - reaction + f * (1-A)
    self.array2 += rb * cB + reaction - (f+k) * B
```

參數是：

ra

　　A 的擴散率（類似前一節的 r）。

rb

　　B 的擴散率。此模型大部分版本中的 rb 約為 ra 的一半。

f

　　“饋入” 速率，控制 A 加入系統的速度。

k

"殺" 速率，控制從系統移除 B 的速度。

仔細看看更新陳述：

```
reaction = A * B**2
self.array += ra * cA - reaction + f * (1-A)
self.array2 += rb * cB + reaction - (f+k) * B
```

陣列 cA 與 cB 是應用擴散核心到 A 與 B 的結果。ra 與 rb 相乘產生進出每個細胞的擴散率。

A * B**2 表示 A 與 B 相互反應的速率。假設該反應消耗 A 以產生 B，我們從第一個等式取出該項並加入第二個等式。

f * (1-A) 決定 A 加入系統的速率。A 接近 0 時最大饋入率為 f。A 接近 1 時饋入率降至零。

最後，(f+k) * B 決定 B 從系統移除的速率。隨著 B 接近 0，此速率也接近零。

只要速率參數不要太高，A 與 B 的值通常會介於 0 與 1 之間。

使用不同的參數，此模型可產生類似動物身上的條紋與斑點。在某些例子中，相似性很顯著，特別是饋入與殺參數的變化很大時。

這一節的所有模擬都是 ra=0.5 與 rb=0.25。

圖 7-2 顯示 f=0.035 與 k=0.057 的結果，B 的濃度以深色顯示。使用這些參數時，系統傾向穩定的形狀，A 斑點落在 B 背景上。

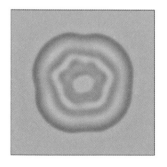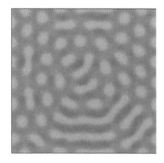

圖 7-2　反應 - 擴散模型，f=0.035 與 k=0.057，經過 1000、2000、4000 個步驟後

圖 7-3 顯示 f=0.055 與 k=0.062 的結果，它產生類似珊瑚的花紋 B 落在 A 背景上。

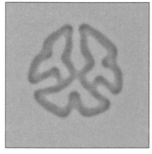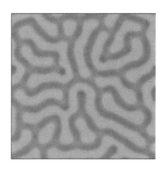

圖 7-3　反應 - 擴散模型，f=0.055 與 k=0.062，經過 1000、2000、4000 個步驟後

圖 7-4 顯示 f=0.039 與 k=0.065 的結果。這些參數產生 B 的斑點生長與分裂過程類似有絲分裂，最終穩定在平均分散的斑點。

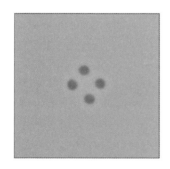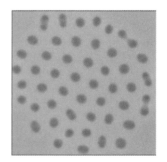

圖 7-4　反應 - 擴散模型，f=0.039 與 k=0.065，經過 1000、2000、4000 個步驟後

從 1952 年起，觀察與實驗支持圖靈的猜測。雖然還未證明，但目前看起來很可能動物的花紋實際上由某種反應 - 擴散過程產生。

滲透

滲透是流體穿過半透膜材料的過程，例如岩層中的油、紙中的水、微孔中的氫氣。滲透模型也不只用於研究滲透，還包括流行病和電阻網路。見 *https://thinkcomplex.com/perc*。

滲透模型通常使用第 2 章見過的隨機圖表示，但也可用細胞自動機表示。接下來幾節討論模擬滲透的二維 CA。

此模型中：

- 一開始，每個細胞 "滲透" 機率為 q 而 "未滲透" 機率為 1-q。

- 模擬開始時，除了第一列為 "濕" 外所有細胞都視為 "乾"。

- 每個步驟中，若一個可滲透細胞有至少一個濕鄰居，則它變濕。不可滲透細胞維持乾。

- 此模擬執行直到進入 "定點" 而不再有細胞狀態變化。

若從頂到底有濕細胞路徑則稱此 CA 具有 "滲透群集"。

滲透的兩個有趣問題是（1）隨機陣列帶有滲透群集的機率與（2）機率與 q 的關係。這些問題可能會讓你想到第 13 頁 "隨機圖" 一節討論的隨機 Erdős-Rényi 圖連通機率。我們將會看到此模型與它的多種關聯。

我定義一個新類別以表示滲透模型：

```
class Percolation(Cell2D):

    def __init__(self, n, q):
        self.q = q
        self.array = np.random.choice([1, 0], (n, n), p=[q, 1-q])
        self.array[0] = 5
```

n 與 m 是 CA 的列與欄數。

CA 的狀態儲存在 array 中，它使用 np.random.choice 選擇 1（可滲透）的機率為 q，選擇 0（不可滲透）的機率為 1-q。

第一列的狀態設為 5，代表濕細胞。使用 5 而非更明顯的 2 讓我們可以使用 correlate2d 檢查滲透細胞是否有濕鄰居。下面是核心：

```
kernel = np.array([[0, 1, 0],
                   [1, 0, 1],
                   [0, 1, 0]])
```

此核心定義 4 細胞 "von Neumann" 環境；不像第 73 頁 "Conway 的 GoL" 一節所述的 Moore 環境，它不包含對角線。

此核心將鄰居狀態相加。若有濕鄰居，則結果會超過 5，否則最大結果是 4（若所有鄰居都是可滲透）。

我們可使用此邏輯撰寫簡單快速的 step 函式：

```
def step(self):
    a = self.array
    c = correlate2d(a, self.kernel, mode='same')
    self.array[(a==1) & (c>=5)] = 5
```

此函式識別可滲透細胞，a==1 時它至少有一個濕鄰居，c>=5 時設定狀態為 5，表示它們是濕的。

圖 7-5 顯示 n=10 且 p=0.7 的滲透模型的前幾個步驟。不可滲透的細胞是白的，可滲透細胞是淺灰，而濕細胞是深灰。

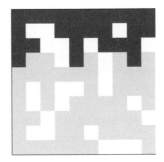

圖 7-5　n=10 且 p=0.7 的滲透模型的前三個步驟

相變

接下來測試一個隨機陣列是否有滲透群集：

```
def test_perc(perc):
    num_wet = perc.num_wet()

    while True:
        perc.step()

        if perc.bottom_row_wet():
            return True

        new_num_wet = perc.num_wet()
        if new_num_wet == num_wet:
            return False

        num_wet = new_num_wet
```

test_perc 以 Percolation 物件作為參數。迴圈每一輪將 CA 推進一個時間步驟。它檢查底列是否有濕細胞；若有則回傳 True 以表示有滲透群集。

它還在每一個時間步驟計算濕細胞數量，並檢查數量是否較上一步增加。若無則遇到沒有滲透群集的定點，因此 test_perc 回傳 False。

要評估滲透群集的機率，我們產生許多隨機陣列來測試：

```
def estimate_prob_percolating(n=100, q=0.5, iters=100):
    t = [test_perc(Percolation(n, q)) for i in range(iters)]
    return np.mean(t)
```

estimate_prob_percolating 以指定 n 與 q 值做出 100 個 Percolation 物件，並呼叫 test_perc 檢查有多少帶有滲透群集。回傳值為比例。

p=0.55 時，滲透群集的機率接近 0。p=0.60 時，約為 70%，p=0.65 時接近 1。這種快速的變化表示 p 的臨界值接近 0.6。

我們可以用**隨機漫步（random walk）**更精確的評估臨界值。從 q 的初始值開始，我們建構 Percolation 物件並檢查它是否具有滲透群集。若有，則 q 或許太高，因此將它降低。若無在 q 或許太低，將它提高。

下面是程式碼：

```
def find_critical(n=100, q=0.6, iters=100):
    qs = [q]
    for i in range(iters):
        perc = Percolation(n, q)
        if test_perc(perc):
            q -= 0.005
        else:
            q += 0.005
        qs.append(q)
    return qs
```

執行結果是 q 值清單。我們可以計算清單平均值來估計臨界值 q_crit。n=100 時 qs 平均值約為 0.59；這個值似乎與 n 無關。

臨界值附近的行為快速變化被稱**相變**，如同水在冰點從液態變成固態。

很多系統在接近或位於臨界點時顯現一組相同的行為與特徵。這些行為統稱為**臨界現象**（**critical phenomena**）。下一節會討論其中之一：碎形。

碎形

為認識碎形，我們必須從維度開始談起。

對簡單的幾何物件，維度以尺度行為定義。舉例來說，若方型的邊長為 l，則面積是 l^2。指數 2 表示方塊是二維的。同樣的，若立方體的邊長為 1，則容積為 l^3，這表示立方體是三維的。

更普遍的說法是，我們可以用某種線性測量函式（例如邊長）計算某種尺度（例如面積與容積）來測量一個物件的維度。

作為一個例子，我會以列數函式測量面積（"on" 細胞的總數）來測量一個一維細胞自動機的維度。

圖 7-6 顯示三個如第 56 頁 "Wolfram 實驗" 一節所述的一維 CA。Rule 20（左）如同一條線的一組細胞，因此我們預期它是一維的。Rule 50（中）如同三角形，因此預期為二維。Rule 18（右）也如三角形，但密度不一致，因此其尺度行為並不明顯。

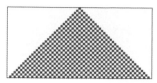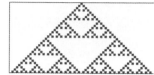

圖 7-6　32 個時間步驟後的 Rule 20、50、18 一維 CA

我會用下面的函式計算這些 CA 的維度，它計算每個時間步驟後的 "on" 細胞數。它回傳數組清單，每個數組帶有 i、i^2、與細胞總數。

```python
def count_cells(rule, n=500):
    ca = Cell1D(rule, n)
    ca.start_single()

    res = []
    for i in range(1, n):
        cells = np.sum(ca.array)
        res.append((i, i**2, cells))
        ca.step()

    return res
```

圖 7-7 顯示在雙對數尺度上繪製的結果。

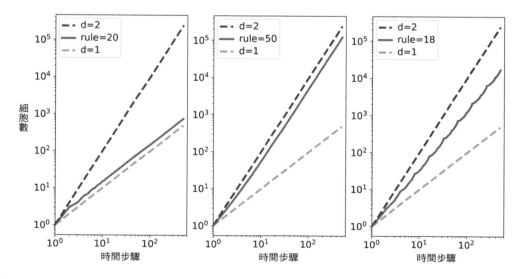

圖 7-7　Rule 20、50、18 的 "on" 細胞數與時間步驟數

每個圖中上面的虛線顯示 $y = i^2$。兩邊取對數得 $\log y = 2 \log i$。由於圖是雙對數尺度，此線的斜率為 2。

同樣的，下面的虛線顯示 $y = i$。在雙對數尺度上，此線的斜率為 1。

Rule 20（左）每兩個時間步驟產生 3 個細胞，因此 i 步驟後的細胞數量為 $y = 1.5i$。兩邊取對數得 $\log y = \log 1.5 + \log i$，因此我們預期雙對數尺度上，線的斜率為 1。事實上，此線的斜率經計算為 1.01。

Rule 50（中）在第 i 個時間步驟產生 $i + 1$ 個新細胞，因此 i 個步驟後細胞總數為 $y = i^2 + i$。忽略第二項並兩邊取對數得 $\log y \sim 2 \log i$，因此 i 變大時，我們預期看到斜率 2 的線。事實上，斜率經計算為 1.97。

Rule 18（右），評估斜率約 1.57，很明顯並非 1、2、或其他整數。這表示 Rule 18 產生的樣式具有 "碎形維度"；也就是說它是碎形。

評估碎形維度的方法稱為 **box-counting**，更多資訊見 *https://thinkcomplex.com/box*。

碎形與滲透模型

接下來回到滲透模型。圖 7-8 顯示 p=0.6 而 n=100, 200, 300 的滲透模擬的濕細胞群集。它們看起來像是自然與數學模型中出現的碎形樣式。

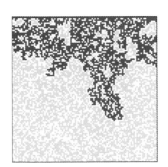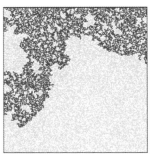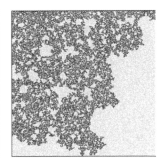

圖 7-8　q=0.6 且 n=100, 200, 300 的滲透模型

要評估它們的碎形維度，我們可以執行一個大小範圍內的 CA，計算每個滲透群集的濕細胞數量，然後觀察增大陣列時細胞數量的變化。

下面的迴圈執行此模擬：

```
res = []
for size in sizes:
    perc = Percolation(size, q)
    if test_perc(perc):
        num_filled = perc.num_wet() - size
        res.append((size, size**2, num_filled))
```

執行結果是數組清單，每個數組帶有 size、size**2、滲透群集中的細胞數量（不包括第一列的初始濕細胞）。

圖 7-9 顯示 10 到 100 大小範圍的結果。點顯示每個滲透群集中的細胞數量。線的斜率通常接近 1.85，這表示滲透群集在 q 接近臨界值時是碎形。

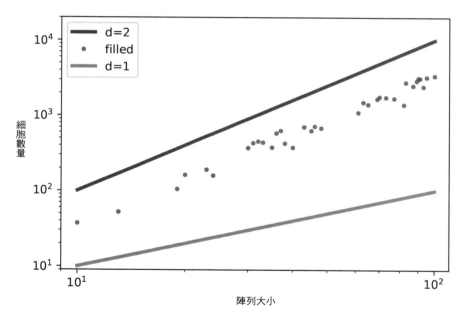

圖 7-9　滲透群集中的細胞數量與 CA 大小

q 大於臨界值時，幾乎每個可滲透細胞都被灌入，因此濕細胞數量接近 q * size^2，維度為 2。

q 小於臨界值時，濕細胞數量與陣列大小成線性比例，因此維度為 1。

練習

這一章的程式碼在本書程式庫的 `chap07.ipynb` 中。更多使用資訊見第 xi 頁的 "使用程式碼"。

練習 7-1

我們在第 95 頁 "碎形與滲透模型" 一節看到 Rule 18 產生碎形。你能找出其他產生碎形的一維 CA 嗎？

注意：`Cell1D` 物件並未從左邊連接右邊，這對某些規則產生了人為的邊界。你或許想要使用 `Wrap1D`，它是 `Cell1D` 的連接邊界子類別，定義於本書程式庫的 `Cell1D.py`。

練習 7-2

Bak、Chen、Tang 於 1990 年提出森林火災的細胞自動機抽象模型。每個細胞有三種狀態：空、有樹、起火。

此 CA 的規則：

1. 空細胞有樹的機率為 p。

2. 樹有鄰居起火則會跟著起火。

3. 樹自發起火機率為 f，就算沒有鄰居起火也一樣。

4. 起火的細胞在下一個時間步驟變成空細胞。

撰寫程式實作此模型。可繼承自 `Cell2D`。典型參數值為 $p = 0.01$ 與 $f = 0.001$，但可以實驗其他值。

從隨機初始條件開始，執行模型直到進入樹數量不再增減的穩定狀態。

穩定狀態的幾何是否為碎形？碎形維度是多少？

## 第八章

自組織臨界性

前一章討論過有臨界點的系統並探索其中一種常見屬性：碎形幾何。

這一章討論臨界系統的另外兩個屬性：第 44 頁 "重尾分佈" 一節提到的重尾分佈，以及這一章會解釋的粉紅噪音。

這些屬性有意思的部分原因是它們經常在自然界出現；也就是說，許多自然系統產生類似碎形的幾何、重尾分佈、粉紅噪音。

此觀察自然產生一個問題：為什麼這麼多自然系統具有臨界系統屬性？一個可能的答案是**自組織臨界性**（self-organized criticality，SOC），它是某些系統朝向並維持臨界狀態的傾向。

這一章會展示第一個顯現 SOC 系統的**沙丘模型**。

臨界系統

許多臨界系統具有下列行為：

- 碎形幾何：舉例來說，結冰水傾向組成碎形樣式，包括雪花與其他結晶結構。碎形有自相似的特徵；也就是說樣式細部類似整體。

- 某些物理量重尾分佈：舉例來說，結冰水中晶體大小分佈服從冪定律。

- 時間下的變化顯現**粉紅噪音**：複雜信號可分解成頻率段。在粉紅噪音中，低頻段較高頻段更高能。更精確的說是 f 段佔能 $1/f$。

臨界系統通常不穩定。舉例來說，要保持水部分結冰狀態必須主動控制溫度。若系統接近臨界溫度，有個小偏差傾向將系統從一個相變成另一個相。

許多自然系統顯現臨界行為特徵，但若臨界點不穩定，它們應該在自然界不常見。這是 Bak、Tang、與 Wiesenfeld 打算回答的問題。他們的答案稱為自組織臨界性（SOC），"自組織" 表示從任何初始條件開始，系統都會趨向臨界狀態，並在沒有外部控制下維持。

沙丘

沙丘模型由 Bak、Tang、Wiesenfeld 於 1987 年提出。它並不打算作為沙丘的真實模型，而是具有大量與鄰居互動的元素的物理系統的抽象模型。

沙丘模型是個二維細胞自動機，每個細胞的狀態代表沙丘一部分的坡度。時間步驟檢查每個細胞是否超過通常為 3 的臨界值 K。若超過則 "坍塌" 並轉移沙給四個鄰居；也就是說，細胞的坡度降為 4，而每個鄰居加 1。矩陣中的所有細胞都保持 0 坡度，超過的會從邊緣溢出。

Bak、Tang、與 Wiesenfeld 將所有細胞初始化超過 K 一個程度並執行模型直到穩定。然後他們觀察小擾動的效應：它們隨機選取一個細胞，將值加一，並再次執行直到穩定。

對每個擾動，他們評估穩定沙丘需要的時間步驟數量 T 與坍塌的細胞的總數 [1]。

大部分時間，加沙不會讓細胞坍塌，因此 T=1 且 S=0。但有時候加沙會導致影響一片區域的**雪崩**。結果顯示 T 與 S 的分佈是重尾，支持系統處於臨界狀態的宣稱。

他們推論沙丘模型顯現 "自組織臨界性"，意思是它的演化在無需外界控制或所謂 "精細調整" 參數的情況下趨向臨界狀態，且增加更多沙粒時模型還維持在臨界狀態。

接下來幾節會複製他們的實驗並解釋執行結果。

---

[1] 原始論文使用不同的 S 定義，但後來大部分使用此定義。

實作沙丘

為實作沙丘模型，我定義繼承自 Cell2D 的 SandPile 類別。

```
class SandPile(Cell2D):

    def __init__(self, n, m, level=9):
        self.array = np.ones((n, m)) * level
```

陣列所有值都初始化到 level，通常大於坍塌的閾值 K。

下面的 step 方法找出所有大於 K 的細胞並讓它們坍塌：

```
kernel = np.array([[0, 1, 0],
                   [1,-4, 1],
                   [0, 1, 0]])

    def step(self, K=3):
        toppling = self.array > K
        num_toppled = np.sum(toppling)
        c = correlate2d(toppling, self.kernel, mode='same')
        self.array += c
        return num_toppled
```

為顯示 step 如何運作，我會從只有兩個準備坍塌的細胞的小沙丘開始：

```
pile = SandPile(n=3, m=5, level=0)
pile.array[1, 1] = 4
pile.array[1, 3] = 4
```

pile.array 一開始像這樣：

```
[[0 0 0 0 0]
 [0 4 0 4 0]
 [0 0 0 0 0]]
```

接下來選取超過坍塌閾值的細胞：

```
toppling = pile.array > K
```

執行結果是個布林陣列，但我們可以將它當做整數陣列使用：

```
[[0 0 0 0 0]
 [0 1 0 1 0]
 [0 0 0 0 0]]
```

若將此陣列與核心關聯會在每個 toppling 為 1 的位置複製核心：

```
c = correlate2d(toppling, kernel, mode='same')
```

結果如下：

```
[[ 0  1  0  1  0]
 [ 1 -4  2 -4  1]
 [ 0  1  0  1  0]]
```

注意核心複製重疊的位置做相加。

此陣列帶有每個細胞的變化，我們用它更新原始陣列：

```
pile.array += c
```

下面是結果：

```
[[0 1 0 1 0]
 [1 0 2 0 1]
 [0 1 0 1 0]]
```

這就是 step 的運作方式。

加上 mode='same' 時，correlate2d 視陣列邊界固定於零，因此超出邊界的沙粒會消失。

SandPile 還有個 run 會呼叫 step 直到沒有細胞坍塌：

```
def run(self):
    total = 0
    for i in itertools.count(1):
        num_toppled = self.step()
        total += num_toppled
        if num_toppled == 0:
            return i, total
```

它的回傳值是帶有時間步驟數量與坍塌細胞總數的數組。

itertools.count 是個無限產生函式，從指定初始值開始計數，因此 for 迴圈會執行直到 step 回傳 0。更多 itertools 模組的資訊見 *https://thinkcomplex.com/iter*。

最後，drop 方法選擇隨機細胞並加上沙粒：

```
def drop(self):
    a = self.array
```

```
    n, m = a.shape
    index = np.random.randint(n), np.random.randint(m)
    a[index] += 1
```

讓我們看一個 n=20 的較大範例：

```
    pile = SandPile(n=20, level=10)
    pile.run()
```

初始值設為 10 時，沙丘需要 332 個時間步驟以達到平衡，總共有 53336 次坍塌。圖 8-1（左）顯示此次執行後的狀態。注意它呈現碎形的重複元素特徵。稍後會說明。

圖 8-1（中）顯示投入 200 個沙粒到隨機細胞，每次執行直到沙丘達到平衡後沙丘的狀態。初始狀態的對稱被打破；看起來是隨機的。

圖 8-1（右）顯示投入 400 個沙粒後。它看起來類似 200 個沙粒。事實上，沙丘現在進入一個穩定的狀態，統計屬性不隨著時間變動。下一節會說明這些統計屬性。

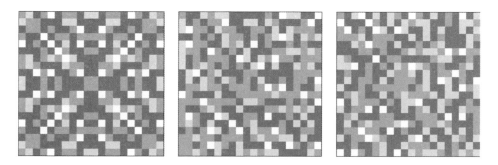

圖 8-1　沙丘初始狀態（左）、200 個步驟後（中）、400 個步驟後（右）

重尾分佈

若沙丘模型處於臨界狀態，我們預期會看到雪崩時長與規模等量的重尾分佈。所以讓我們看看是否如此。

我會製作更大的沙丘，n=50 且初始水平為 30，執行直到平衡：

```
    pile2 = SandPile(n=50, level=30)
    pile2.run()
```

接下來執行 100,000 個隨機投入：

```
iters = 100000
res = [pile2.drop_and_run() for _ in range(iters)]
```

如名稱所示，drop_and_run 呼叫 drop 與 run，並回傳雪崩時長與坍塌細胞總數。

所以 res 是個 (T, S) 數組清單，T 是時長，S 是坍塌細胞。我們可以使用 np.transpose 將 res 解成兩個 NumPy 陣列：

```
T, S = np.transpose(res)
```

大部分的投入的時長為 1 且沒有細胞坍塌；若在繪製前過濾掉會讓分佈更清楚。

```
T = T[T>1]
S = S[S>0]
```

T 與 S 的分佈有許多小值與非常少的大值。我會使用 thinkstats2 的 Pmf 類別做出值的 PMF；也就是值與發生機率的對應（見第 42 頁 "度" 一節）。

```
pmfT = Pmf(T)
pmfS = Pmf(S)
```

圖 8-2 顯示值小於 50 的結果。

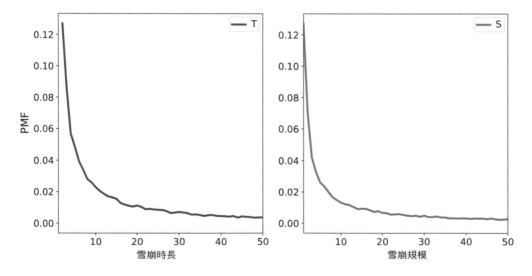

圖 8-2　雪崩時長（左）與雪崩規模（右）的分佈，線性尺度

如第 44 頁 "重尾分佈" 一節所述，我們可以如圖 8-3 所示，以雙對數尺度繪製這些分佈以獲得更清楚的圖像。

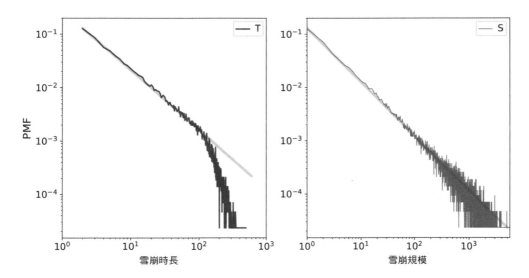

圖 8-3 雪崩時長（左）與雪崩規模（右）的分佈，雙對數尺度

對介於 1 至 100 的值，分佈在雙對數尺度上接近直線，這是重尾分佈的特徵。灰線斜率接近 –1，這表示這些分佈服從 $\alpha = 1$ 的冪定律。

對大於 100 的值，分佈較冪定律模型更快散開，這表示大值較模型預測少。一個可能是因為有限大小的沙丘；若是，我們可以預期較大的沙丘更符合冪定律。

另外一種可能是這些分佈並不嚴格的服從冪定律。但若不是冪定律分佈，它們還是重尾。

碎形

另外一個臨界系統屬性是碎形幾何。圖 8-1（左）的初始狀態類似碎形，但你不一定能從外觀分辨。一個更可靠的碎形識別辦法是如第 93 頁 "碎形" 與第 95 頁 "碎形與滲透模型" 所述評估碎形維度。

我會從更大的沙丘開始，使用 n=131 與初始水平 22。

```
pile3 = SandPile(n=131, level=22)
pile3.run()
```

這個沙丘需要 28,379 個步驟達到平衡，超過兩億個細胞崩塌。

為更清楚的看到結果的樣式，我選擇水平 0、1、2、3 的細胞並分別繪製：

```python
def draw_four(viewer, levels=range(4)):
    thinkplot.preplot(rows=2, cols=2)
    a = viewer.viewee.array

    for i, level in enumerate(levels):
        thinkplot.subplot(i+1)
        viewer.draw_array(a==level, vmax=1)
```

draw_four 輸入定義於 Sand.py 的 SandPileViewer 物件。levels 參數是要繪製的水平的清單；預設為 0 到 3。若沙丘執行到平衡狀態，則應該只有這些水平。

在迴圈中，它使用 a==level 來製作一個布林陣列，陣列為 level 時為 True，否則為 False。draw_array 將這些布林值視為 1 和 0。

圖 8-4 顯示 pile3 的結果。視覺上，這些樣式類似碎形，但用看的不準。要更確定，我們可以使用第 93 頁 "碎形" 一節所述的 **box-counting** 測量每個樣式的碎形維度。

我們會計算沙丘中央的小盒子中的細胞數量，然後檢視盒子變大時細胞數量的變化。以下是我的實作：

```python
def count_cells(a):
    n, m = a.shape
    end = min(n, m)

    res = []
    for i in range(1, end, 2):
        top = (n-i) // 2
        left = (m-i) // 2
        box = a[top:top+i, left:left+i]
        total = np.sum(box)
        res.append((i, i**2, total))

    return np.transpose(res)
```

參數 a 是個布林陣列。盒子初始大小為 1。迴圈的每一輪加 2，直到 n 與 m 兩者中較小的 end。

在迴圈的每一輪中，box 是 i 寬與高的一組位於陣列中央的細胞。total 是盒中 "on" 細胞的數量。

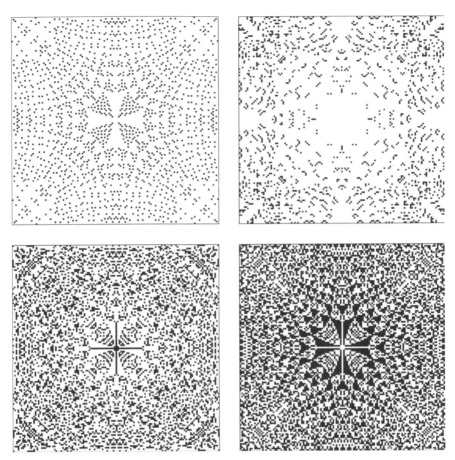

圖 8-4　達到平衡的沙丘模型，從左到右從上到下分別是水平 0、1、2、3

執行結果為一個數組清單，每個數組帶有 i、i**2、與盒中細胞數量。將此結果傳給
transpose，NumPy 會將它轉換成有三欄的陣列，然後進行**轉置**；也就是讓欄變成列而
列變成欄。執行結果是有三列的陣列：i、i**2、與 total。

下面是我們如何使用 count_cells：

```
res = count_cells(pile.array==level)
steps, steps2, cells = res
```

第一行建立陣列等於 level 時為 True 的布林陣列，呼叫 count_cells，取得具有三列的
陣列。

第二行解開列並指派它們給 steps、steps2、與 cells，以如下繪製：

```
thinkplot.plot(steps, steps2, linestyle='dashed')
thinkplot.plot(steps, cells)
thinkplot.plot(steps, steps, linestyle='dashed')
```

圖 8-5 顯示執行結果。在雙對數尺度上，細胞計數差不多組成直線，這表明我們正在測量有效範圍的盒子大小上的碎形維度。

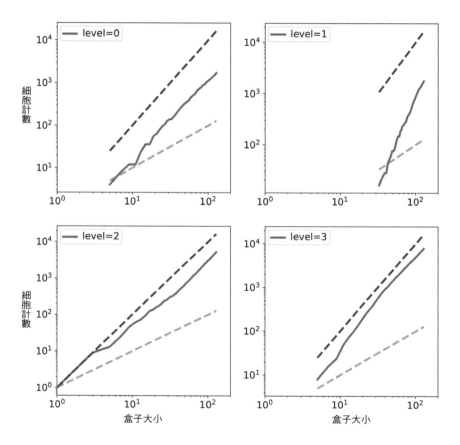

圖 8-5　水平 0、1、2、3 的盒子計數，對比虛線的斜率為 1 與 2

為計算這些線的斜率，我們可以使用 SciPy 的 linregress 函式，它以線性迴歸處理資料線性組合（見 *https://thinkcomplex.com/regress*）。

```
from scipy.stats import linregress

params = linregress(np.log(steps), np.log(cells))
slope = params[0]
```

計算出的碎形維度是：

```
0  1.871
1  3.502
2  1.781
3  2.084
```

水平 0、1、2 的碎形維度很明顯的不是整數，這表示此圖形為碎形。

水平 3 的估計與 2 無法區分，但考慮到其他值的結果、線的表觀曲率、樣式的外觀，似乎它也是碎形。

這一章後面的練習之一會要求你以不同 n 值與 level 再次執行此分析，以檢查估計維度是否一致。

粉紅噪音

展示沙丘模型的論文的原始標題是"自組織臨界性：1/f 噪音的解釋"，見 *https://thinkcomplex.com/bak*。

如標題所指，Bak、Tang、Wiesenfeld 嘗試解釋，為何自然與工程系統顯現又稱為"閃噪音"與"粉紅噪音"的 1/f 噪音。

要認識粉紅噪音，我們必須先認識信號、頻譜密度、與噪音。

信號

信號是在時間中變化的量。一個例子是聲音，它是空氣密度的變化。在沙丘模型中，我們視隨時間變化的雪崩時長與規模為信號。

頻譜密度

信號可分解為頻率部分與不同水平的**密度**，例如振幅或音量。信號的**頻譜密度**是顯示每個頻率段的密度的函式。

噪音

噪音通常稱不想要的聲音，但在信號處理中它是有許多頻率段的信號。

噪音有很多種。舉例來說，"白噪音"是在廣頻段中具有相同密度的信號。

其他類型的噪音在頻率與密度間有不同的關係。在"紅噪音"中，頻率 f 的密度是 $1/f^2$，我們可以寫成：

$$P(f) = 1/f^2$$

我們可以將指數 2 替換成參數 β 來產生此等式：

$$P(f) = 1/f^\beta$$

$\beta = 0$ 時，這個等式描述白噪音；$\beta = 2$ 時描述紅噪音。參數接近 1 時，結果稱為 $1/f$ 噪音。值在 0 與 2 之間的噪音通常稱為"粉紅"，因為它介於紅與白。

我們可以使用這個關係推導粉紅噪音的測試。兩邊取對數：

$$\log P(f) = -\beta \log f$$

因此我們預期在雙對數尺度上繪製 $P(f)$ 與 f 時會是斜率為 $-\beta$ 的直線。

這與沙丘模型有什麼關係？假設細胞崩塌時會發出聲音。若在沙丘模型執行時錄音，它會像什麼聲音？下一節會模擬沙丘模型的聲音並檢查它是否為粉紅噪音。

沙丘的聲音

SandPile 執行時，它會記錄每個時間步驟的崩塌細胞數量，累計在 toppled_seq 中。執行第 103 頁 "重尾分佈" 一節的模型後，我們可以擷取結果信號：

```
signal = pile2.toppled_seq
```

我們可以使用 SciPy 的 welch 函式計算此信號的頻譜密度：

```
from scipy.signal import welch

nperseg = 2048
freqs, spectrum = welch(signal, nperseg=nperseg, fs=nperseg)
```

此函式使用 Welch 的方法，它將信號分離成兩段並計算每一段的頻譜密度。結果通常有很多噪音，因此 Welch 的方法將段平均以計算每個頻段的平均密度。更多 Welch 方法的資訊見 *https://thinkcomplex.com/welch*。

nperseg 參數指定每一段的時間步驟數量。較長的段可以估計更多的頻譜密度，較短的段可對每個頻段做更好的估計。我選擇的 2048 在中間取得平衡。

參數 fs 是 "取樣頻率"，是每個單位時間的信號資料點數量。設定 fs=nperseg 可取得從 0 到 nperseg/2 範圍的頻率。這個範圍很方便，但由於模型的單位時間是隨意的，因此不表示什麼。

回傳的 freqs 與 powers 是帶有頻段與相對於密度的 NumPy 陣列，可用來繪製圖。圖 8-6 顯示執行結果。

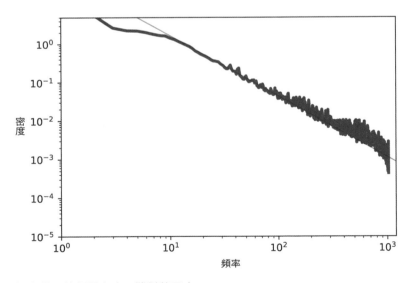

圖 8-6　崩塌細胞數量的頻譜密度，雙對數尺度

對 10 到 1000 間的頻率（任意單位），頻譜落於一條直線上，這是我們預期的粉紅或紅噪音。

圖中灰線的斜率為 −1.58，這表示

$$\log P(f) \sim -\beta \log f$$

參數 $\beta = 1.58$，與 Bak、Tang、Wiesenfeld 使用的相同。這個結果確認沙丘模型產生粉紅噪音。

還原論與整體論

Bak、Tang、Wiesenfeld 的原始論文是這幾十年中最常被引用的論文之一。有些後續的論文報告了其他系統具有明顯的自組織臨界性（SOC），有些更深入的研究沙丘模型。

結果沙丘模型不是沙丘的好模型。沙密且不太黏，因此動量對雪崩的行為有不可忽視的影響。結果是較預測少的極大極小雪崩且分佈並非重尾。

Bak 認為這種觀察混淆了重點。沙丘模型並非是真正沙丘的模型；它是各種類型模型的一個簡單範例。

要認識這一點，可思考兩種模型：**還原**（reductionist）與**整體**（holistic）。還原模型描述系統的組成部分與它們的互動。還原模型用於解釋時，它依靠模型組件與系統組件間的類比。

舉例來說，要解釋理想氣體狀態方程式，我們可以用點質量模擬構成氣體的分子，並將它們的相互作用模擬為彈性碰撞。若模擬與分析這個模型，你會發現它服從理想氣體狀態方程式。這個模型在一定程度上滿足分子在氣體中的行為，如同分子在模型中的行為。系統組件與模型組件有個類比。

整體較類比組件更專注於系統間的相似性。整體方法的模型設計由這些步驟組成：

* 觀察出現在各種系統的行為。
* 找出展現該行為的簡單模型。
* 識別模型的必要且足以產生該行為的元素。

舉例來說，Richard Dawkins 在《*The Selfish Gene*》一書中提出遺傳進化只是進化系統的一個例子。他找出該類別的基本元素——離散複製器，可變性、差異再現，並提出具有這些元素的任何系統都顯示演化的證據。

他提出的另一個進化系統例子是 "meme"，人與人間傳遞或複製的思想或行為[2]。meme 競爭人類關注的資源時，它們以與遺傳進化相似的方式進化。

對 meme 模型的質疑指出 meme 是基因不良的類比；與基因有很多明顯的不同。Dawkins 辯稱這些差異與主旨無關，因為 meme 並非**要**類比基因。相反的，meme 與基因是同類的例子：演化系統。它們的差異反而強化此重點，也就是演化是個適用於許多看起來無關的系統的通用模型。此論點的邏輯結構如圖 8-7 所示。

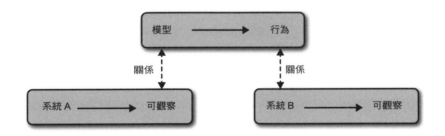

圖 8-7　整體模型的邏輯結構

Bak 也做出類似的論點表示自組織臨界性是許多系統類型的通用模型：

> 由於這些現象出現在各處，它們不會是依靠任何特定的細節⋯若一大類問題的物理學是相同的，這使 [理論家] 可以選擇屬於該類的**最簡單**的 [模型] 進行詳細研究[3]。

許多自然系統展現出臨界系統的特徵。Bak 對此的解釋是這些系統是廣泛自組織臨界性的一個例子。有兩個方式可支持此論述。一個是建構特定系統的真實模型並讓此模型展現 SOC。另一個是展現 SOC 是許多不同模型的一個特徵，並找出這些模型共同的基本特徵。

2　這種 "meme" 的用法起源於 Dawkins，早於網際網路上無關的用法約二十年。

3　Bak, *How Nature Works*, Springer-Verlag, 1996, page 43。

我視為還原的第一種模型可解釋特定系統的行為。我視為整體的第二種方法可解釋自然界為何常見臨界性。它們是不同目的的不同模型。

對還原模型來說，像真是最重要的，簡單化才其次。對整體模型則相反。

SOC、因果、預測

若股市指數一天下跌小於一個百分比，這不需要解釋。若下跌 10%，人們就會需要知道原因。電視名嘴會提出解釋，但真正的答案可能是沒有解釋。

股票市場日常的變化顯示臨界性的證據：股價變動的分佈是重尾且時間序列顯現粉紅噪音。若股票市場是臨界系統，我們應該預期偶爾的大幅波動是市場正常行為的一部分。

地震規模的分佈也是重尾，有一些簡單的地質斷層動力學模型可以解釋這種行為。若這些模型是正確的，則它們暗示大地震並非例外；也就是說，它們不需要比小地震更多的解釋。

同樣的，Charles Perrow 提出核電廠等大型工程系統的失敗如同沙丘模型的雪崩。大部分失敗是小、獨立、無害的，但有時不幸的巧合會產生大災難。發生大意外時，調查員找尋線索，但若 Perrow 的 "正常意外理論" 是對的，則大失敗可能沒有特殊原因。

這些結論並不令人欣慰。 除其他外，它們意味著大地震和某些類型的事故從根本上是不可預測的。不可能看著一個關鍵系統的狀態並說出大雪崩是否 "應有"。如果系統處於臨界狀態，則總是可能發生大量雪崩。 它只取決於下一粒沙子。

在沙丘模型中是什麼導致大雪崩？哲學家有時會區分最直接的**近因**與較深沉解釋的**遠因**（見 *https://thinkcomplex.com/cause*）。

在沙丘模型中，大雪崩的近因是一粒沙，但導致大雪崩的沙粒與其他沙粒一模一樣，因此它提不出特別的解釋。大雪崩的遠因系統整體的結構與動力學：大雪崩會發生是因為它們是系統的特性。

包括戰爭、革命、流行病、發明、與恐怖攻擊等社會現象都是重尾分佈的特徵。若這些分佈的常見是因為社會系統是 SOC，則大部分歷史事件基本上是不可預測與解釋的。

練習

這一章的程式碼在本書程式庫的 chap08.ipynb 中。開啟此 notebook、讀程式碼、執行。你可以使用此 notebook 進行這一章的練習。我的答案放在 chap08soln.ipynb。更多使用資訊見第 xi 頁的"使用程式碼"。

練習 *8-1*

為測試 T 與 S 的分佈是否為重尾,我們在雙對數尺度上繪製它們的 PMF,這是 Bak、Tang、Wiesenfeld 在他們的論文中所展示的。但如第 49 頁"累積分佈"一節所述,這種視覺化會模糊分佈的形狀。使用相同的資料繪製 S 與 T 的累積分佈(CDF)。你可以從它的形狀說出什麼?它們服從冪定律嗎?是重尾嗎?

在對數 -x 尺度與雙對數尺度上繪製 CDF 可能有幫助。

練習 *8-2*

我們在第 105 頁"碎形"一節看過產生碎形樣式的沙丘模型的初始狀態。但投入大量隨機沙粒後,樣式看起來更隨機。

有第 105 頁"碎形"一節的範例執行沙丘模型一陣子,然後計算 4 個水平的碎形維度。沙丘模型的碎形是否保持穩定?

練習 *8-3*

另一個稱為"單源"版本的沙丘模型以不同的初始條件開始:相較於每個細胞在同一個水平,除了中央細胞設為大值外,其他的細胞都設為 0。撰寫函式來建構 SandPile 物件,設置單源初始條件並執行直到沙丘趨於平衡。結果顯現碎形嗎?

更多這個版本的沙丘模型的資訊見 *https://thinkcomplex.com/sand*。

練習 *8-4*

Bak、Chen、Creutz 在他們 1989 年的論文中(*https://thinkcomplex.com/bak89*)提出生命遊戲是自組織臨界系統。

要複製他們的測試,從隨機組態開始並執行 GoL 直到穩定。然後隨機選擇一個細胞並將它翻轉。執行此 CA 直到再次穩定,記錄所需步驟數 T 與受影響細胞數 S。大量重複試驗並繪製 T 與 S 的分佈。還有,以時間信號估計 T 與 S 頻譜密度,並看看它們是否與粉紅噪音一致。

練習 *8-5*

Benoit Mandelbrot 在《*The Fractal Geometry of Nature*》中對自然系統常見重尾分佈提出所謂的 "異端" 解釋。如 Bak 所說,可能沒有許多而是少數系統可以孤立地產生這種行為,但系統間的互動可能導致此行為的傳播。

要支持這種論述,Mandelbrot 指出:

- 觀察到的資料的分佈通常是 "固定的底層**真分佈**與高度變化的**過濾**兩者的聯合效應"。

- 重尾分佈是強的過濾;也就是說 "各式各樣的過濾使它們的漸近行為保持不變"。

你怎麼看此論述?你會將它視為還原或整體?

練習 *8-6*

閱讀位於 *https://thinkcomplex.com/great* 的 "Great Man" 史論。自組織臨界性對此理論有什麼影響?

## 第九章

代理人基模型

我們在前面看到的模型可歸納為 "基於規則（rule-based）"，某種程度上是由簡單規則控制的系統。接下來的章節討論**代理人基（agent-based）模型**。

代理人基模型包括作為人與其他蒐集世界資訊、做決策、採取行動的實體的代理人。

代理人通常位於空間或網路中，相互在鄰近區域內互動。它們通常具有不完美或不完整的世界資訊。

代理人間通常有差異，與前面看過的元件均一致的模型不同。代理人基模型在代理人或世界間通常包含隨機性。

從 1970 年代開始，代理人基模型變成經濟學、社會科學、與某些自然科學很重要的工具。

代理人基模型對非處於平衡的動態系統模型設計很有用（雖然也用於研究平衡）。它們對認識個別決策與系統行為間的關係特別有用。

Schelling 的模型

Thomas Schelling 於 1969 年發表 "Models of Segregation" 提出種族隔離的簡單模型。原文見 *https://thinkcomplex.com/schell*。

Schelling 模型的世界是每一格代表一間房子的矩陣。房子被兩種代理人佔據，標示為紅與藍，基本上數量相當。約有 10% 的房子是空的。

在任何時間點，一個代理人可能高興或不高興，視鄰居代理人而定，"鄰居" 指與房子相鄰的八格。在其中一個版本的模型中，代理人若有兩個或以上的同類鄰居則會高興，若只有一個或零個則會不高興。

模擬過程會隨機選取一個代理人並檢查是否高興。若高興則無事；若不則該代理人會隨機移居未佔據的格。

你應該不會意外這種模型導致某種隔離，但你可能會對其程度感到驚訝。從一個隨機點開始，同類代理人幾乎立即組成群集。群集成長與合併直到成為少數大群集，且大部分的代理人生活在同質圈。

若不知道過程且只想看結果，你可能會假設代理人有種族歧視，但事實上他們在混居環境中也很高興。由於他們傾向不要在數量上大幅超過，他們可能被認為是輕度排外的。當然，這些代理人是極度簡化的真人，因此可能不適合套用這些描述。

種族是複雜的問題；很難想像用如此簡單的模型就可以看穿。但它提供系統與組成元件間的關係的一種有力論述：若觀察真實城市中的隔離，你無法排除種族是主因或人們有種族歧視。

當然，我們必須記住此論述的限制：Schelling 的模型展現一種隔離的可能原因，但並未指明真正原因。

實作 Schelling 的模型

為實作 Schelling 的模型，我寫了另一個繼承自 Cell2D 的類別：

```
class Schelling(Cell2D):

    def __init__(self, n, p):
        self.p = p
        choices = [0, 1, 2]
        probs = [0.1, 0.45, 0.45]
        self.array = np.random.choice(choices, (n, n), p=probs)
```

n 是矩陣大小，p 是同類鄰居比例的閾值。舉例來說，若 p=0.3，則代理人在少於 30% 同類鄰居時會不高興。

array 是個 NumPy 陣列，0 代表空、1 代表被紅代理人佔據、2 代表被藍代理人佔據。一開始有 10% 空格、45% 紅、45% 藍。

Schelling 模型的 step 函式較之前的範例更複雜。若不在意細節，你可以跳到下一節。但其中有些 NumPy 的實用技巧。

首先，我製作表示格為紅、藍、或空的布林陣列：

```
a = self.array
red = a==1
blue = a==2
empty = a==0
```

然後我使用 correlate2d 計算每個位置的紅、藍、空鄰居數量。第 79 頁 "實作生命" 一節討論過 correlate2d。

```
options = dict(mode='same', boundary='wrap')

kernel = np.array([[1, 1, 1],
                   [1, 0, 1],
                   [1, 1, 1]], dtype=np.int8)

num_red = correlate2d(red, kernel, **options)
num_blue = correlate2d(blue, kernel, **options)
num_neighbors = num_red + num_blue
```

options 是傳給 correlated2d 的選項的字典。使用 mode='same' 時，結果與輸入同大小。使用 boundary='wrap' 讓頂邊接底邊、左邊接右邊。

kernel 表示我們要考慮周圍八個鄰居。

計算 num_red 與 num_blue 後，我們可以計算每個位置的紅藍鄰居比例。

```
frac_red = num_red / num_neighbors
frac_blue = num_blue / num_neighbors
```

然後我們可以計算鄰居相同顏色的比例。我使用 np.where，它類似元素間的 if 表示式。第一個參數是從第二個或第三個參數選取元素的條件。

```
frac_same = np.where(red, frac_red, frac_blue)
frac_same[empty] = np.nan
```

此例中，red 為 True 時，frac_same 會取得 frac_red 的相對應元素。red 為 False 時，frac_same 會取得 frac_blue 的相對應元素。最後，empty 表示該格是空的，frac_same 設為 np.nan，它是表示 "非數字" 的特殊值。

接下來我們可以找出不高興代理人的位置：

```
unhappy = frac_same < self.p
unhappy_locs = locs_where(unhappy)
```

locs_where 是 np.nonzero 的包裝函式：

```
def locs_where(condition):
    return list(zip(*np.nonzero(condition)))
```

np.nonzero 輸入陣列並回傳非零格的座標；結果是數組陣列，每個維度一個。然後 locs_where 使用 list 與 zip 將結果轉換成座標對清單。

同樣的，empty_locs 是空格座標的陣列：

```
empty_locs = locs_where(empty)
```

我們已經取得此模擬的核心。以迴圈將不高興的代理人移居：

```
num_empty = np.sum(empty)
for source in unhappy_locs:
    i = np.random.randint(num_empty)
    dest = empty_locs[i]

    a[dest] = a[source]
    a[source] = 0
    empty_locs[i] = source
```

i 是隨機空格的索引；dest 是空格座標數組。

為移動代理人，我們從 source 複製它的值（1 或 2）到 dest，然後將 source 的值設為 0（變成空的）。

最後，我們以 source 替換 empty_locs 中的記錄，使變空的格可供下一個代理人選取。

隔離

接下來看看執行此模型會發生什麼事。我從 n=100 與 p=0.3 開始執行 10 個步驟。

```
grid = Schelling(n=100, p=0.3)
for i in range(10):
    grid.step()
```

圖 9-1 顯示初始狀態（左）、2 個步驟後的狀態（中）、10 個步驟後的狀態（右）

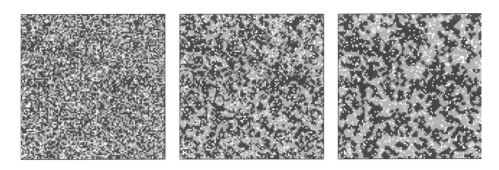

圖 9-1　n=100 的 Schelling 隔離模型，初始狀態（左）、2 個步驟後的狀態（中）、10 個步驟後的狀態（右）

群集立即組成且快速成長，直到大部分代理人生活在高度隔離的環境中。

模擬執行期間我們可以計算隔離度，它是代理人鄰居相同顏色比例的平均：

```
np.nanmean(frac_same)
```

圖 9-1 中，類似鄰居的平均比例在初始狀態是 50%，兩個步驟後是 65%，10 個步驟後是 76%！

p=0.3 時若有 3 到 8 個相同顏色鄰居則代理人會高興，但他們最終有 6 或 7 個同色鄰居，典型的隔離。

圖 9-2 顯示了隔離程度如何提高與它在幾個 p 值下的平穩程度。p=0.4 時，穩定狀態的隔離度約為 82%，大部分代理人沒有不同色的鄰居。

這些結果讓很多人驚訝，它們是個別決策與系統行為間無法預測的關係的顯著例子。

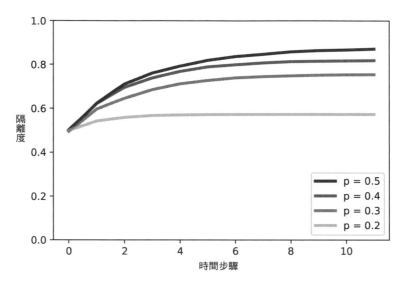

圖 9-2　一段 p 範圍與時間下的 Schelling 模型的隔離度

糖域

Joshua Epstein 與 Robert Axtell 於 1996 年提出糖域（Sugarscape），它是一個"人造社會"的代理人基模型，用於進行經濟學與其他社會科學的實驗。

糖域是應用於各種主題的多樣化模型。我會複製 Epstein 與 Axtell 的《*Growing Artificial Societies*》這本書上的幾個模型作為範例。

糖域最簡單的形式是個簡單的經濟模型，代理人在二維矩陣中移動以搜刮代表財富的"糖"。有些格的糖產量比其他格多，有些代理人較其他代理人更會找糖。

這個版本的糖域通常用於探索與解釋財富的分佈，特別是不平等的傾向。

在糖域矩陣中，格有最大糖容量。初始組態有兩個高糖區域容量為 4，環繞著容量 3、2、1 的區域。

圖 9-3（左）顯示初始組態，深色區域表示高容量，小點代表代理人。

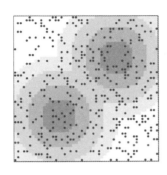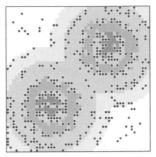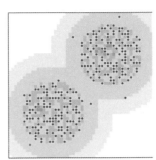

圖 9-3　原始糖域模型的複製：初始組態（左）、2 個步驟後（中）、100 個步驟後（右）

一開始有 400 個隨機散佈的代理人，每個代理人有三個隨機選擇的屬性：

糖

> 每個代理人一開始分配 5 至 25 個單位的糖，此分配是平均分佈的。

代謝

> 每個代理人在每個時間步驟中需要消耗 1 到 4 個單位的糖，同樣是平均分佈。

視野

> 代理人可"看到"附近的格子並移動到最多糖的格子，但有些代理人能看的比較遠，距離從 1 到 6 平均分佈。

每個時間步驟中，代理人依隨機順序移動，規則如下：

- 代理人調查東南西北方向 k 格，k 是其視野範圍。
- 他選擇未佔據最多糖的格子。若相同則選擇較近的；若距離相同則隨機選取。
- 代理人移動到所選的格子並搜刮糖以累積財富，格子變空。
- 代理人依其代謝消耗一些財富。若結果是負的，則代理人"餓死"並移除。

所有代理人執行這些步驟後，格子會長出一些糖，通常是一個單位，但受限於其容量。

圖 9-3（中）顯示兩個步驟後的狀態。大部分代理人都朝向最多糖的區域移動。視野大的移動最快；視野小的會在高糖區隨機徘徊直到接近其他高糖區。

在少糖區出生且配給較少的代理人很可能會餓死，除非初始配給較多且視野好。

在高糖區的代理人互相在找尋與搜刮長出的糖上競爭。高代謝或低視野的代理人比較可能餓死。

每個時間步驟生出一個單位的糖時，沒有足夠的糖維持 400 個代理人。人口一開始會快速的下降，然後慢慢的到 250 左右。

圖 9-3（右）顯示 100 個時間步驟後的狀態，約有 250 個代理人。存活的代理人運氣比較好，視野佳又或低代謝。此時還存活的可能會一直活下去，搜刮無限的糖。

財富不平等

在目前的形式中，糖域模型是簡單的生態系，可用於探索模型參數間的關係，例如生長速率與代理人屬性以及系統容量（穩定狀態下存活的代理人數量）。此模型也組成天擇系統，高 "適" 者更有可能生存。

此模型也展示一種財富不平等，有些代理人較其他累積財富更快。但它很難指出財富分佈的任何東西，因為分佈並非 "固定"；也就是說分佈隨著時間改變且不會達到穩定狀態。

但若給予代理人有限的壽命，則模型會產生固定的財富分佈。我們可以執行實驗以觀察參數與規則對此分佈有什麼影響。

在這個版本的模型中，每個時間步驟都會增加代理人的年齡，且隨機選擇 60 至 100 的壽命。若代理人的年齡超過壽命則死掉。

代理人因飢餓或衰老而死掉時，它會被隨機屬性的新代理人取代，因此代理人數量是常數。

從 250 個代理人開始（接近容量）執行模型 500 個步驟。每 100 步繪製代理人持有糖的累積分佈函式（CDF）。我們在第 49 頁 "累積分佈" 一節討論過 CDF。圖 9-4 顯示在線性尺度（左）與對數 -x 尺度（右）上的結果。

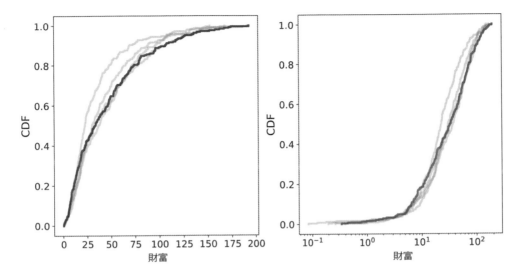

圖 9-4　100、200、300、400（灰線）、500（深色）步驟後糖（財富）分佈。線性尺度（左）與對數 -x 尺度（右）

約 200 步後（最長壽命的兩倍）分佈變化不大。它斜向右側。

大部分代理人累積了少量財富：第 25 百分位數約為 10，中位數約為 20。但少數代理人累積更多：第 75 百分位數約為 40，最高值超過 150。

對數尺度上的分佈形狀類似高斯或常態分佈，儘管右尾部被截斷。若在對數尺度上是常態，則分佈會是重尾分佈的對數常態。事實上，世界上各個國家的實際財富分佈都是重尾分佈。

宣稱糖域可解釋財富分佈為何是重尾分佈還早，但糖域的各種不平等表示這種狀況是許多經濟系統，甚至是非常簡單的經濟系統的特徵。具有稅務與其他收入重分配規則的實驗，也顯示不平等難以避免或緩和。

實作糖域

糖域比之前的模型更為複雜，因此我不會列出整個實作。我會說明程式的結構，細節可見這一章的 Jupyter notebook，在本書程式庫的 chap09.ipynb 中。若對細節不感興趣可略過這一節。

每一步驟中，代理人移動、搜刮糖、變老。下面是 Agent 類別與它的 step 方法：

```
class Agent:

    def step(self, env):
        self.loc = env.look_and_move(self.loc, self.vision)
        self.sugar += env.harvest(self.loc) - self.metabolism
        self.age += 1
```

env 參數是 Sugarscape 物件環境的參考。它提供 look_and_move 與 harvest 方法：

- look_and_move 輸入座標數組的代理人位置與代理人視野的範圍整數。它回傳代理人的新位置，也就是其可看到範圍內最多糖的格。

- harvest 輸入代理人的（新）座標，刪除並回傳該位置的糖。

Sugarscape 繼承自 Cell2D，因此類似前面基於矩陣的模型。

它有個 agents 屬性是 Agent 物件的清單，以及 occupied 屬性帶有代理人所佔據的細胞的座標數組。

下面是 Sugarscape 類別與它的 step 方法：

```
class Sugarscape(Cell2D):

    def step(self):

        # 以隨機順序在迴圈中處理代理人
        random_order = np.random.permutation(self.agents)
        for agent in random_order:

            # 標示目前細胞未被佔據
            self.occupied.remove(agent.loc)

            # 執行一步
            agent.step(self)

            # 若代理人死掉，從清單中刪除
```

```
    if agent.is_starving():
        self.agents.remove(agent)
    else:
        # 否則標示細胞被佔據
        self.occupied.add(agent.loc)

# 長一些糖
self.grow()
return len(self.agents)
```

Sugarscape 在每個步驟中使用 NumPy 的 permutation 函式以隨機順序處理代理人。它對每個代理人呼叫 step 然後檢查是否死掉。移動所有代理人後會長出一些糖。回傳值是存活代理人數量。

我不會顯示其他細節;可從這一章的 notebook 檢視。若想要知道更多關於 NumPy 的資訊,可特別關注下面這些函式:

- make_visible_locs 依代理人的視野建構可見位置陣列。位置以距離儲存,相同距離的位置以隨機順序排列。此函式使用 np.random.shuffle 與 np.vstack。

- make_capacity 使用 NumPy 的 indices、hypot、minimum、digitize 將細胞容量初始化。

- 使用 argmax 的 look_and_move。

遷徙與波行為

雖然探索代理人在空間中的移動並非糖域的主要目的,但 Epstein 與 Axtell 在代理人的遷徙中觀察到一些有趣的模式。

若所有代理人從左下角開始,他們會快速的向最接近的高容量細胞 "峰" 移動。但若代理人數量超過峰可承受的數量,他們會快速的耗盡糖且被迫移動到低容量區域。

具有大視野的代理人會跨過峰與谷並以類似波的樣式朝向東北。由於他們在後面留下空白細胞條紋,其他代理人不會跟進直到糖又長出來。

結果產生遷徙波,每個波浪都像一個連貫的物體,如同 Rule 110 與生命遊戲(見第 61 頁 "太空船" 與第 74 頁 "生命樣式")。

圖 9-5 顯示初始狀態（左）與 6（中）與 12（右）個步驟後的狀態。你可以看到前兩波移動到第二個峰，在後面留下空白細胞條紋。這一章的 notebook 中的動畫版本能更清楚的看到波樣式。

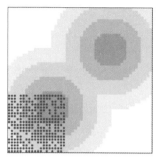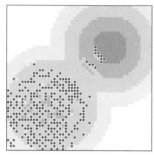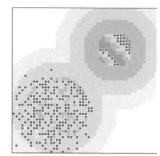

圖 9-5　糖域的波行為：初始狀態（左）與 6（中）與 12（右）個步驟後的狀態

這些波在對角線上移動，令人意外是因為它們只向東或北移動而不會向東北移動。這種結果——代理人本身沒有的屬性與行為的群或 "集合"——在代理人基模型很常見，下一章會看到更多例子。

湧現

這一章的例子展現出複雜性科學中一個最重要的概念：湧現（emergence）。**湧現屬性**是產生自系統元件互動而非系統屬性的特徵。

要澄清什麼是湧現，思考它不是什麼很有幫助。舉例來說，磚牆很硬是因為磚與灰泥都很硬，因此它不是湧現屬性。另一個例子，有些硬結構是由彈性元件組成的，因此似乎是某種湧現。但它是弱湧現，因為結構屬性服從已知的結構法則。

相較之下，Schelling 模型中的隔離為湧現是因為它並沒有種族歧視代理人。就算代理人有點恐外，但系統的結果與領導人決策目的還是有差別。

糖域的分佈可能是個湧現屬性，但它是弱的例子，因為我們根據視野、代謝、壽命做出合理的預測。波行為可能是強的例子，因為這個波顯現一種能力——對角線移動——是代理人本身沒有的。

湧現屬性是意外：知道所有規則也很難預測系統的行為。困難並非意外：事實上，它是湧現的特徵。

如 Wolfram 在《*A New Kind of Science*》中所述，傳統科學基於知道系統規則就可以預測其行為的公理。所謂的 "法則" 通常是計算性的捷徑，能讓我們預測系統的結果而無需建構或觀察它。

但許多細胞自動機是**無法省略計算的**，這表示沒有捷徑。唯一取得結果的方式是實作系統。

這可能適用於一般的複雜系統。元件較多的物理系統通常沒有模型可產生解析解。數學方法提供一種計算捷徑，但還是有定性上的差異。

解析解通常提供常時預測演算法；也就是說計算的執行時間不依賴預測的時間尺度 *t*。但數學方法、模擬、類比計算、以及類似的方法所需的時間與 *t* 成比例。許多系統的 *t* 超過我們可以可靠計算的範圍。

這些觀察表示湧現屬性基本上不可預測，對複雜系統我們不能預期會找出計算捷徑形式的自然法則。

對某些人來說，"湧現" 只是無知的另一個名字；透過這種計算，如果我們沒有對其進行歸納的解釋，則屬性是湧現的，但如果我們將來能更好地認識它，它將不再是湧現。

湧現屬性的狀態是個議題，因此抱持懷疑是合理的。我們看到一個明顯的湧現屬性時，不應該假設永遠不會有歸納解。但我們也不應該假設一定會有一個。

本書的範例與計算等價原則讓我們相信至少有些湧現屬性永遠不能以經典歸納模型 "解釋"。

更多湧現的資訊見 *https://thinkcomplex.com/emerge*。

練習

這一章的程式碼在本書程式庫的 `chap09.ipynb` 中。開啟此 notebook、讀程式碼、執行。你可以使用此 notebook 進行這一章的練習。我的答案放在 `chap09soln.ipynb`。更多使用資訊見第 xi 頁的 "使用程式碼"。

練習 *9-1*

《*The Big Sort*》的作者 Bill Bishop 提出美國社會因人們選擇政治同溫層環境而更加隔離。

Bishop 設想的機制並非類似 Schelling 模型中的代理人,而更像是因被孤立而搬遷,但無論因為什麼原因搬遷,他們比較可能選擇同類的鄰居。

修改 Schelling 模型的實作以模擬這種行為,並觀察它是否產生類似程度的隔離。

有幾種方式可建構 Bishop 假想的模型。我的實作在每一步隨機選擇代理人搬遷。每個代理人考慮 k 個隨機選取的空格,並從中選出同類鄰居比例最高的空格。這種隔離程度與 k 的關係是?

練習 *9-2*

第一版的糖域沒有新增代理人,因此人口會下降。第二版會在代理人死掉時替換,因此人口是固定的。接下來看看加上一些 "人口壓力" 會發生什麼事。

撰寫在每個步驟最後新增代理人的糖域,並計算平均視野與平均代謝。執行幾百個步驟後繪製人口變化以及平均視野與平均代謝。

你應該可以繼承 Sugarscape 並覆寫 __init__ 與 step 來實作此模型。

練習 *9-3*

研究哲學的人認為 "強 AI" 是適當設計的電腦,會具有與人類相同心智的理論。

John Searle 提出一個稱為 "中文房間" 的思想實驗,目的是反駁強 AI。更多資訊見 *https://thinkcomplex.com/searle*。

中文房間的**系統回應**是什麼?你對湧現的認識如何影響你對系統回應的看法?

## 第十章

群與塞車

前一章的代理人基模型利用矩陣：代理人佔據二維空間中不連續的位置。這一章討論代理人在連續空間中的移動，包括模擬一維高速公路上的汽車與三維空間中的鳥。

塞車

是什麼導致塞車？有時候原因很明顯，例如車禍、測速照相、或其他干擾車流的東西。但有時候塞車沒有明顯的原因。

代理人基模型可幫助解釋自發性塞車。我會根據 Mitchell Resnick 的《*Turtles, Termites and Traffic Jams*》一書的高速公路模擬模型實作一個範例。

下面的類別代表 "高速公路"：

```
class Highway:

    def __init__(self, n=10, length=1000, eps=0):
        self.length = length
        self.eps = eps

        # 建構駕駛人
        locs = np.linspace(0, length, n, endpoint=False)
        self.drivers = [Driver(loc) for loc in locs]

        # 將它們鏈接
        for i in range(n):
            j = (i+1) % n
            self.drivers[i].next = self.drivers[j]
```

n 是車的數量，`length` 是公路的長度，`eps` 是加入系統的隨機噪音的數量。

`locs` 是駕駛人的位置；NumPy 的 `linspace` 函式建構 n 個 0 至 `length` 間等間隔的陣列。

`drivers` 屬性是 Driver 物件的清單。`for` 迴圈將它們鏈接使每個 Driver 帶有下一個的參考。此高速公路為環形，因此最後一個 Driver 帶有第一個的參考。

Highway 在每個時間步驟中移動每個駕駛人：

```
# Highway

def step(self):
    for driver in self.drivers:
        self.move(driver)
```

move 方法讓 Driver 選擇它的加速。然後 move 計算新速度與位置。下面是實作：

```
# Highway

def move(self, driver):
    dist = self.distance(driver)

    # 讓駕駛人選擇加速
    acc = driver.choose_acceleration(dist)
    acc = min(acc, self.max_acc)
    acc = max(acc, self.min_acc)
    speed = driver.speed + acc

    # 對速度加上隨機噪音
    speed *= np.random.uniform(1-self.eps, 1+self.eps)

    # 保持零以上並低於速限
    speed = max(speed, 0)
    speed = min(speed, self.speed_limit)

    # 若目前速度會碰撞則停車
    if speed > dist:
        speed = 0

    # 更新速度與位置
    driver.speed = speed
    driver.loc += speed
```

dist 是 driver 與下一個的距離。距離傳給指定駕駛人行為的 choose_acceleration。這是駕駛人唯一要做的決策；其他東西都由模擬的 "物理" 決定。

- acc 是加速，上下限為 min_acc 與 max_acc。我的實作設定 min_acc=-10 與 max_acc=1。

- spped 是原有速度加上要求的加速，但後面會做調整。首先，我們加上隨機噪音，因為世界不完美。eps 決定誤差的幅度；舉例來說，若 eps 為 0.02，則 speed 會乘以 0.98 至 1.02 間的隨機因數。

- 速度限制在 0 至 speed_limit 之間，我的實作設定為 40，因此車子不會後退或超速。

- 若要求的速度會導致碰撞則 speed 設為 0。

- 最後，更新 driver 的 speed 與 loc 屬性。

下面是 Driver 類別的定義：

```
class Driver:

    def __init__(self, loc, speed=0):
        self.loc = loc
        self.speed = speed

    def choose_acceleration(self, dist):
        return 1
```

loc 與 speed 屬性是駕駛人的位置與速度。

choose_acceleration 的實作很簡單；總是以最大值加速。

由於車子以相同間隔開始，我們預期全部會加速直到超過速限或間隔不夠，此時將會 "碰撞" 而導致某些車子停下。

圖 10-1 顯示此程序的幾個步驟，從 30 台車與 eps=0.02 開始。左邊是 16 個時間步驟後的狀態，高速公路呈環狀。由於隨機噪音，某些車子較其他車子快，間隔也不均勻。

下一個時間步驟（中）有兩個碰撞，以三角形表示。

下一個時間步驟（右）兩車碰撞停止的車輛，我們可以看到塞車的形成。形成塞車後會傾向保持下去，因為後面接著有車子到來並碰撞，而前面的車子正在加速離開。

圖 10-1 模擬駕駛人在環狀公路上行駛的三個時間點。方形表示駕駛人位置；三角形表示必須剎車以避免碰撞的位置

在某些條件下，塞車會向後傳播，見這一章的 notebook 中的動畫。

隨機擾動

隨著車輛的增加，塞車變得更嚴重。圖 10-2 顯示車數的平均速度。

上面的線顯示 eps=0 的結果；也就是說，速度沒有隨機變異。25 台或以下，間隔大於 40，能讓車輛達到並維持最大速度 40。超過 25 台開始形成塞車且車速下降的很快。

這個效應是此模擬的物理的直接結果，因此沒什麼意外。若道路長度為 1000，則 n 台車的間隔為 1000/n。且由於車速不能超過前面的間隔，預期最高平均速度是 1000/n 或 40 兩者的較小值。

但那是最佳狀況。少量的隨機性就讓狀態變得更糟。

圖 10-2 還顯示 eps=0.001 與 eps=0.01 的結果，它對應速度加減 0.1% 到 1% 的誤差。

誤差為 0.1% 時，高速公路的容量下降至 25 到 20（"容量"的意思是可維持速限的最大車輛數）。誤差為 1% 時，容量掉到 10。靠。

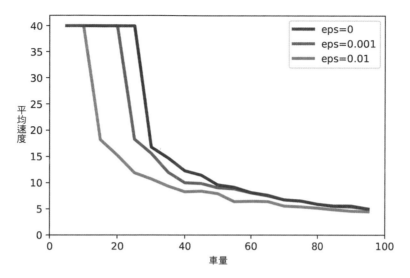

圖 10-2 　三種隨機噪音下的車輛數目與平均速度

這一章的一個練習要設計一個更好的駕駛人；也就是說用不同的 `choose_acceleration` 策略找出改善平均速度的駕駛行為。

Boid

Craig Reynolds 於 1987 年出版的《Flocks, herds and schools: A distributed behavioral model》描述了代理人基模型的群集行為，下載位置見 *https://thinkcomplex.com/boid*。

此模型中的代理人稱為 "Boid"，它是 "bird-oid" 的縮寫且發音類似 "bird"（但 Boid 也用於魚與陸行動物的模型）。

每個代理人模擬三個行為：

中心群集

　　向群集中心移動。

避撞

　　避開障礙，包括其他 Boid。

垂直對齊

　　與鄰居 Boid 垂直排列（速度與方向）。

Boid 只根據本地資訊做決定；每個 Boid 只看到（或注意）視野內的其他 Boid。

本書程式庫中的 Boids7.py 有我的 Boid 實作，部分是根據 Gary William Flake 的《*The Computational Beauty of Nature*》。

我的實作使用提供 3-D 繪圖功能的 VPython 函式庫。VPython 有個 Vector 物件可在三維空間中表示 Boid 的位置與速度，更多資訊見 *https://thinkcomplex.com/vector*。

Boid 演算法

Boids7.py 定義了兩個類別：Boid 實作 Boid 的行為，World 帶有 Boid 清單與 Boid 追逐的 "胡蘿蔔"。

Boid 類別定義下列方法：

center

　　找出範圍內的其他 Boid 並計算朝向中心的向量。

avoid

　　找出指定範圍內包括其他 Boid 在內的物件，並計算避開中心的向量。

align

　　找出範圍內的其他 Boid 並計算其方向的平均。

love

　　計算朝向胡蘿蔔的向量。

下面是 center 的實作：

```
def center(self, boids, radius=1, angle=1):
    neighbors = self.get_neighbors(boids, radius, angle)
    vecs = [boid.pos for boid in neighbors]
    return self.vector_toward_center(vecs)
```

radius 與 angle 參數是視野的半徑與角度，它決定要參考哪些 Boid。radius 是任意長度單位；angle 是弧度。

center 使用 get_neighbors 清單視野內 Boid 物件的清單。vecs 是表示其位置的 Vector 物件的清單。

最後，vector_toward_center 計算從 self 指向 neighbors 中央的 Vector。

下面是 get_neighbors 的實作：

```
def get_neighbors(self, boids, radius, angle):
    neighbors = []
    for boid in boids:
        if boid is self:
            continue

        # 若不在範圍內則略過
        offset = boid.pos - self.pos
        if offset.mag > radius:
            continue

        # 若不在視角內則略過
        if self.vel.diff_angle(offset) > angle:
            continue

        # 加入清單
        neighbors.append(boid)

    return neighbors
```

get_neighbors 對其他 Boid 使用向量減法計算從 self 到 boid 的向量。此向量的大小是兩者間的距離；若大小超過 radius 則忽略 boid。

diff_angle 計算 Boid 前進方向的向量 self 與 boid 位置間的角度。若此角度超過 angle 則忽略 boid。

否則 boid 在視野內，因此將它加入 neighbors。

下面是 vector_toward_center 的實作，它計算從 self 到鄰居中央的向量：

```
def vector_toward_center(self, vecs):
    if vecs:
        center = np.mean(vecs)
        toward = vector(center - self.pos)
        return limit_vector(toward)
    else:
        return null_vector
```

VPython 的向量可用 NumPy 操作，因此 np.mean 計算 vecs 這一連串向量的平均。limit_vector 限制結果的大小為 1；null_vector 的大小為 0。

我們使用相同的輔助方法來實作 avoid：

```
def avoid(self, boids, carrot, radius=0.3, angle=np.pi):
    objects = boids + [carrot]
    neighbors = self.get_neighbors(objects, radius, angle)
    vecs = [boid.pos for boid in neighbors]
    return -self.vector_toward_center(vecs)
```

avoid 類似 center，但它除了其他 Boid 外也有考慮到胡蘿蔔。還有，參數也不同：radius 較小，因此 Boid 只會避開太靠近的物件，而 angle 較大，使 Boid 可避開所有方向的物件。最後，vector_toward_center 的結果加上負號以避開太靠近的物件。

下面是 align 的實作：

```
def align(self, boids, radius=0.5, angle=1):
    neighbors = self.get_neighbors(boids, radius, angle)
    vecs = [boid.vel for boid in neighbors]
    return self.vector_toward_center(vecs)
```

align 也類似 center；最大的差別是它計算鄰居向量而非位置的平均值。若鄰居朝向特定方向，則該 Boid 也傾向同一個方向。

最後，love 計算指向胡蘿蔔的向量：

```
def love(self, carrot):
    toward = carrot.pos - self.pos
    return limit_vector(toward)
```

center、avoid、align、love 的結果是 Reynolds 所謂的 "加速要求"，每一個要求達期望成不同的目標。

仲裁

為仲裁這些可能有衝突的目標，我們計算四個要求的加權和：

```
def set_goal(self, boids, carrot):
    w_avoid = 10
    w_center = 3
    w_align = 1
```

```
        w_love = 10

        self.goal = (w_center * self.center(boids) +
                     w_avoid * self.avoid(boids, carrot) +
                     w_align * self.align(boids) +
                     w_love * self.love(carrot))
        self.goal.mag = 1
```

w_center、w_avoid、與其他權重決定加速要求的重要性。w_avoid 通常相對較高而 w_align 相對較低。

計算每個 Boid 的目標後更新向量與位置：

```
    def move(self, mu=0.1, dt=0.1):
        self.vel = (1-mu) * self.vel + mu * self.goal
        self.vel.mag = 1
        self.pos += dt * self.vel
        self.axis = self.length * self.vel
```

新向量是舊向量與目標的加權和。mu 參數決定鳥多快改變速度與方向。然後將向量正規化，使大小為 1、Boid 的軸朝向要移動的方向。

為更新位置，我們將向量乘以時間步驟以獲得位置的改變。最後，更新 axis 使 Boid 的方向與其向量對齊。

有許多參數會影響群集的行為，包括半徑、行為的角度與權重、以及行動力 mu。這些參數決定 Boid 組成與維護群集的能力、行動樣式、以及組織。在某些設定下，Boid 群類似鳥群；某些設定類似魚群或飛蟲群。

這一章的練習之一是修改這些參數並觀察對 Boid 行為的影響。

湧現與自由意志

許多複雜系統具有以整體顯現而個體並沒有的屬性：

- Rule 30 細胞自動機是決定性的，其演化規則完全已知。無論如何，它產生統計上無法與隨機區別的序列。

- Schelling 模型中的代理人沒有種族歧視，但互動結果高度種族隔離。

- 糖域中的代理人組成代理人不能做到的對角線移動波。

- 雖然車往前開，但塞車向後移動。

- 動物群集行為看似有中央組織，但其中的動物只是根據區域資訊個別做出決定。

這些例子提出了解決幾個古老而具有挑戰性的問題的方法，包括意識和自由意志的問題。

自由意志是做選擇的能力，但若我們的身體與大腦由決定性法則支配，則我們的選擇已經完全決定好了。

哲學家與科學家對這種明顯的衝突提出許多可能的解答；包括：

- William James 提出一個兩階段模型，可能的行動由隨機過程產生，然後由決定性程序選擇。這種情況下我們的行動基本上是不可預測的，因為產生的過程包含隨機元素。

- David Hume 提出我們對做決策的感知是個幻象；在這種情況下我們的行動是決定性的，因為產生它的系統是決定性的。

這些論點以相反的方式協調衝突，但它們承認存在衝突：如果部分是確定性的，系統就不能擁有自由意志。

本書中的複雜系統提出了另一種選擇，即在選項和決策層面，自由意志與神經元（或某些較低層次）層面的決定論相容。就像汽車向前移動時交通阻塞向後移動一樣，即使神經元沒有，人也可以擁有自由意志。

練習

這一章的程式碼在本書程式庫的 chap10.ipynb 中。開啟此 notebook、讀程式碼、執行。你可以使用此 notebook 進行這一章的練習。我的答案放在 chap10soln.ipynb。更多使用資訊見第 xi 頁的“使用程式碼”。

練習 *10-1*

在塞車模型中定義繼承自 Driver 的 BetterDriver 類別並覆寫 choose_acceleration。你是否能定義較 Driver 所實作更好的駕駛規則。你可以嘗試更快的速度或更低的碰撞數量。

練習 *10-2*

我的 Boid 實作程式碼放在本書程式庫的 Boids7.py 中，執行需要 VPython 函式庫。若使用 Anaconda（如第 xi 頁 "使用程式碼" 一節建議），你可以從終端機或命令列執行下面的命令：

```
conda install -c vpython vpython
```

然後執行 Boids7.py。它應該會啟動瀏覽器或在瀏覽器中開啟一個視窗，並顯示白色三角形的 Boid 環繞紅色球體的胡蘿蔔。若點擊並移動滑鼠，你可以移動胡蘿蔔並觀察 Boid 如何反應。

閱讀程式以檢視參數如何控制 Boid 的行為。實驗不同的參數。若將權重設為 0 以 "關掉" 某個行為會發生什麼事？

要產生更像鳥的行為，Flake 建議加上維持清楚視線的行為；也就是說若正前方有另一隻鳥則該 Boid 應該較晚移開。你覺得這個規則對群集的行為有什麼影響？實作並觀察。

練習 *10-3*

到 *https://thinkcomplex.com/will* 閱讀更多關於自由意志的內容。自由意志與決定論相容的觀點稱為**相容論**（**compatibilism**）。相容論最大的挑戰之一是 "因果爭論"，它是什麼？你讀完這本書後對它有什麼看法？

## 第十一章

演化

生物學最重要的概念，還可能包括所有科學，是**天擇演化理論**，它宣稱**新物種的出現與現有物種的改變都是因為天擇**。天擇是個體之間因遺傳變異導致生存和繁殖差異的過程。

對生物學有認識的人來說，演化理論是事實，與目前所有的觀察吻合；未來不太可能有觀察會抵觸；若未來做出修正，幾乎可以確定其核心思想還是不變。

無論如何，許多人不相信演化。在一份由 Pew Research Center 進行的問卷調查中，受訪者被問到下列哪一種說法與他們的觀點接近：

1. 人類與其他物種隨著時間演化。

2. 人類與其他物種從開始就是現在這個樣子。

約 34% 美國人選擇後者（見 *https://thinkcomplex.com/arda*）。

就算是相信演化的人也只有一半相信演化是由於天擇。換句話說，只有三分之一美國人相信演化論是真的。

這怎麼可能？我認為原因有：

- 某些人相信演化論與他們的信仰有衝突，感覺必須其中摒棄一個，他們選擇信仰。

- 其他人被誤導了，通常是上面這些人，因此所知道的訊息是錯或假的。舉例來說，許多人認為演化論就是說人是由猴子演化而來的。並非如此，不是這樣。

- 許多人就是完全不知道演化論。

我拿第一群人沒辦法，但我認為其他人還有救。經驗上，演化論不容易懂。同時它又很簡單：許多人在懂了之後覺得很明顯且證據確鑿。

為幫助人們理解，我發現最有用的工具是計算。難以理解的理論可透過模擬輕鬆的認識。這是這一章的目標。

模擬演化

我從展示基本演化形式的一個簡單模型開始。根據該理論，下面特徵足以產生演化：

生殖程序

我們需要一個世代的代理人能以某種方式生殖。我們會從完美複製開始。稍後加入不完美複製，也就是變異。

變異

我們需要世代變異，也就是個體差異。

生存或生殖差異

個體間的差異必須影響生存或生殖能力。

為模擬這些特徵，我們會定義一群代表個體的代理人。每個代理人具有基因資訊，稱為**基因型**（genotype），它是代理人生殖時被複製的資訊。在我們的模型中[1]，基因型由一系列 N 位元數字（零與一）表示，N 是我們選擇的參數。

為產生變異，我們建構具有各種基因型的代理人；稍後我們會討論建構或增加變異的機制。

最後，為產生不同的生存與生殖，我們定義對應基因型到**適存性**（fitness）的函式，適存性是代理人生存或生殖能力的相關值。

1　此模型是主要由 Stuart Kauffman 開發的 NK 模型的變種（見 *https://thinkcomplex.com/nk*）。

適存地景

對應基因型與適存性的函式稱為**適存地景**。地景（landscape）的意思是每個基因型對應一個 N 維空間中的位置，而適存性對應該位置的 "高"。此概念的視覺化表現見 *https://thinkcomplex.com/fit*。

以生物學來說，適存地景是基因型如何與稱為**表型**（**phenotype**）的實體外形和能力關聯，以及表型如何與環境互動的資訊。

在真實世界中，適存地景很複雜，但我們無需建構真實的模型。為引發演化，我們需要基因型與適存性間的某種關係，但它可以是任何關係。為展現這一點，我們會使用完全隨機的適存地景。

下面是代表一個適存地景的類別的定義：

```
class FitnessLandscape:

    def __init__(self, N):
        self.N = N
        self.one_values = np.random.random(N)
        self.zero_values = np.random.random(N)

    def fitness(self, loc):
        fs = np.where(loc, self.one_values,
                           self.zero_values)
        return fs.mean()
```

代理人的基因型，對應在適存地景中的位置，以零與一的 NumPy 陣列 loc 表示。指定基因型的適存性是每個 loc 的元素的**適存性貢獻平均**。

為計算一個基因型的適存性，FitnessLandscape 使用兩個陣列：one_values 包含 loc 中每個元素的適存性貢獻 1，zero_values 包含 loc 中每個元素的適存性貢獻 0。

fitness 方法使用 np.where 從 one_values 選取 loc 為 1 的值，從 zero_values 選取 loc 為 0 的值。

舉例來說，若 N=3 且

```
one_values  = [0.1, 0.2, 0.3]
zero_values = [0.4, 0.7, 0.9]
```

在這種情況下，loc = [0, 1, 0] 的適存性會是 [0.4, 0.2, 0.9] 的平均值 0.5。

代理人

接下來需要代理人。下面是類別定義：

```
class Agent:

    def __init__(self, loc, fit_land):
        self.loc = loc
        self.fit_land = fit_land
        self.fitness = fit_land.fitness(self.loc)

    def copy(self):
        return Agent(self.loc, self.fit_land)
```

Agent 的屬性有：

loc

　　Agent 在適存地景中的位置。

fit_land

　　FitnessLandscape 物件的參考。

fitness

　　Agent 所在的 FitnessLandscape，由介於 0 與 1 的數表示。

Agent 的 copy 會完全複製基因型。稍後有個加上突變的版本，但突變並非演化的必要因素。

模擬

現在有了代理人與適存地景，我會定義 Simulation 類別來模擬代理人的創造、繁殖、死亡。為避免太複雜，此處使用簡化版本的程式碼；細節見這一章的 notebook。

下面是 Simulation 的定義：

```
class Simulation:

    def __init__(self, fit_land, agents):
        self.fit_land = fit_land
        self.agents = agents
```

Simulation 的屬性有：

- fit_land：FitnessLandscape 物件的參考。

- agents：Agent 物件的陣列。

Simulation 最重要的函式是 step，它模擬一個時間步驟：

```
# Simulation 類別

    def step(self):
        n = len(self.agents)
        fits = self.get_fitnesses()

        # 判斷哪一個死
        index_dead = self.choose_dead(fits)
        num_dead = len(index_dead)

        # 複製倖存者取代死掉的
        replacements = self.choose_replacements(num_dead, fits)
        self.agents[index_dead] = replacements
```

step 使用另外三個方法：

- get_fitnesses 回傳帶有每個代理人的地景的陣列。

- choose_dead 判斷哪些代理人死掉，並回傳帶有死代理人索引的陣列。

- choose_replacements 決定哪些代理人繁殖，對每一個呼叫 copy 並回傳新的 Agent 物件陣列。

這個版本的模擬中，每個步驟的新代理人數量等於死掉的數量，因此存活代理人數量是常數。

無差別

執行模擬前,我們必須指定 choose_dead 與 choose_replacements 的行為。我們從不依靠地景的簡單版本開始:

```
# Simulation 類別

    def choose_dead(self, fits):
        n = len(self.agents)
        is_dead = np.random.random(n) < 0.1
        index_dead = np.nonzero(is_dead)[0]
        return index_dead
```

在 choose_dead 中,n 是代理人數量,而 is_dead 是帶有什麼代理人在這個時間步驟死掉的布林陣列。這個版本中,每個代理人有相同的死亡機率:0.1。choose_dead 使用 np.nonzero 找出非零 is_dead 元素的索引(True 視為非零)。

```
# Simulation 類別

    def choose_replacements(self, n, fits):
        agents = np.random.choice(self.agents, size=n, replace=True)
        replacements = [agent.copy() for agent in agents]
        return replacements
```

在 choose_replacements 中,n 是此步驟中繁殖的代理人數量。它使用 np.random.choice 選擇 n 個替換的代理人,然後對每一個呼叫 copy 並回傳新 Agent 物件清單。

這些方法並不依靠適存性,因此模擬的存活或繁殖無差別。我們預期結果不會看到演化。但要怎麼知道?

演化的證據

演化最廣義的定義是改變群體中的基因型分佈。演化是集合效應:換句話說,個體不演化;群體才演化。

此模擬中,基因型位於高維度空間,因此很難將分佈改變視覺化。但若基因型改變,我們預期它們的地景也會變。因此我們使用**適存性分佈的變化**作為演化的證據。特別是我們會檢視適存性的平均值與標準差變化。

執行模擬前，我們必須加入 Instrument 物件取得每個時間步驟的更新、計算，或稱為
"指標" 的統計數據，以序列儲存結果以供後續繪製。

下面是所有 Instrument 的父類別：

```
class Instrument:
    def __init__(self):
        self.metrics = []
```

下面是計算每個時間步驟所有群體平均適存性的 MeanFitness 的定義：

```
class MeanFitness(Instrument):
    def update(self, sim):
        mean = np.nanmean(sim.get_fitnesses())
        self.metrics.append(mean)
```

現在我們已經可以執行此模擬。為避免初始群體中隨機改變的效應，我們以同一組的代
理人開始每個模擬。為確保探索整個適存地景，我們從每個位置一個代理人開始。下面
是建構 Simulation 的程式：

```
N = 8
fit_land = FitnessLandscape(N)
agents = make_all_agents(fit_land, Agent)
sim = Simulation(fit_land, agents)
```

make_all_agents 對每個位置建構一個 Agent；實作放在這一章的 notebook 中。

現在我們可以建構並加入 MeanFitness、執行模擬、並繪製結果：

```
instrument = MeanFitness()
sim.add_instrument(instrument)
sim.run()
```

Simulation 有記錄 Instrument 物件的清單。每個時間步驟後它會對清單中的每個
Instrument 呼叫 update。

圖 11-1 顯示執行此模擬 10 次的結果。群體的平均適存性隨機上下偏移。由於適存性改
變的分佈隨時間變化，我們推論表型的分佈也會改變。廣義上，這種**隨機漫步**是一種演
化，但不是特別有意思的一種。

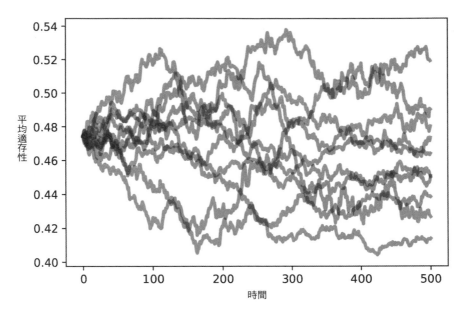

圖 11-1　10 次沒有生存或生殖差異的模擬的平均適存性

特別是這種演化並未解釋物種如何隨著時間改變或出現新物種。演化理論的有力是因為它解釋我們在自然界看到似乎是費解的現象：

適應

物種以似乎太複雜、精細、巧妙的方式與環境互動。許多自然系統的特徵看起來是設計過的。

多樣性

地球上的物種數量隨著時間增加（雖然有多次大滅絕）。

複雜性

地球生命的歷史從相對節點的形式開始，後來在考古記錄上出現越來越複雜的生物。

這些是我們打算解釋的現象。目前為止此模型並沒有做到。

差別生存

讓我們再加上一個因素：差別生存。下面是擴充 Simulation 並覆寫 choose_dead 的類別：

```
class SimWithDiffSurvival(Simulation):

    def choose_dead(self, fits):
        n = len(self.agents)
        is_dead = np.random.random(n) > fits
        index_dead = np.nonzero(is_dead)[0]
        return index_dead
```

現在生存機率依靠適存性；事實上，這個版本中的代理人在每個時間步驟中生存的機率是它的適存性。

由於低適存性代理人較容易死掉，高適存性的代理人更有可能活到進行生殖。我們預期低適存性代理人數量會隨著時間下降，而高適存性代理人數量會增加。

圖 11-2 顯示 10 次具有差別生存的模擬的平均適存性。平均適存性一開始快速增加，但然後保持穩定。

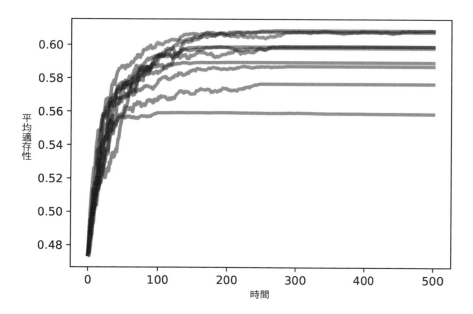

圖 11-2　10 次具有差別生存的模擬的平均適存性

你可以看出它為什麼保持穩定：若某個特定位置只有一個代理人且死掉，則該位置就空著。沒有突變就沒有辦法再佔領這個位置。

N=8 時，此模擬從 256 個代理人佔據所有可能位置開始。隨著時間進行，被佔據位置數量降低；若模擬跑的夠久，最終所有代理人會佔據相同位置。

此模擬開始解釋適應：適存性提高表示該物種在它的環境中生存的更好。但被佔領位置的數量隨著時間下降，因此這個模型完全沒有解釋多樣性。

你可以從這一章的 notebook 看到差別生殖的效應。如你預期，差別生殖也提高平均適存性。但沒有突變，我們還是看不到多樣性提高。

突變

前面的模擬都是從最大可能多樣性開始──地景每個位置有個代理人──以最小可能多樣性結束，所有代理人都在同一個位置。

這與從單一物種開始隨著時間分支成現今數百萬物種的自然世界相反（見 *https://thinkcomplex.com/bio*）。

我們的模型使用完美複製所以看不到多樣性增加。但若在差別生存與生殖外加入突變，我們可進一步的認識自然界的演化。

下面是擴充 Agent 並覆寫 copy 的類別定義：

```
class Mutant(Agent):

    def copy(self, prob_mutate=0.05)::
        if np.random.random() > prob_mutate:
            loc = self.loc.copy()
        else:
            direction = np.random.randint(self.fit_land.N)
            loc = self.mutate(direction)
        return Mutant(loc, self.fit_land)
```

在這個突變模型中，每次呼叫 copy 時有 5% 的突變機率。突變發生時，我們隨機選擇目前位置的方向——也就是說基因型中的隨機位元——並加以翻轉。下面是 mutate：

```
def mutate(self, direction):
    new_loc = self.loc.copy()
    new_loc[direction] ^= 1
    return new_loc
```

`^=` 運算子計算 "exclusive OR"；運算元 1 會翻轉一個位元（見 *https://thinkcomplex.com/xor*）。

有了突變，我們無需從每個位置一個代理人開始。相反的，我們可以從最小變化開始：所有代理人在同一個位置。

圖 11-3 顯示具有突變與差別生存和生殖的 10 次模擬，群體均朝向最大適存性位置演化。

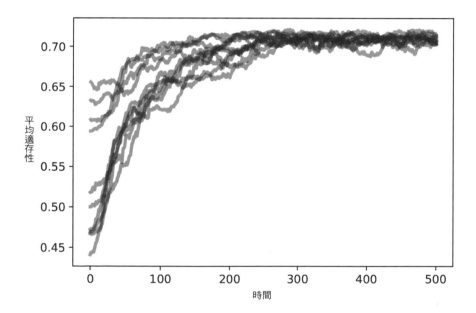

圖 11-3　具有突變與差別生存和生殖的 10 次模擬

要評估群體中的多樣性，我們可以在每個時間步驟後繪製被佔位置的數量。圖 11-4 顯示其結果。我們從同一個位置的 100 個代理人開始。隨著突變的發生，被佔位置的數量快速攀升。

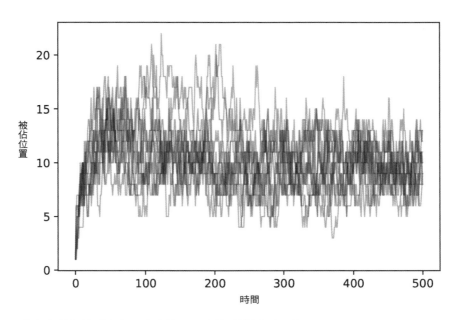

圖 11-4　具有突變與差別生存和生殖的 10 次模擬的被佔位置數量

一個代理人發現高適存性位置時更有可能生存與生殖。在低適存性位置的代理人最終會死掉。隨著時間進行，群體也在地景中遷徙直到大部分代理人處於最高適存性位置。

此時系統達到平衡，其中突變佔據新位置的速率，與差別生存導致較低適存性位置保持空白的速率相同。

平衡的佔據位置數量視突變率與差別生存程度而定。在這些模擬中，任何一個時間點的佔據位置數量通常為 5-15。

要記得此模型中的代理人並不移動，如同生物的基因型不會改變。一個代理人死掉時，它的位置就未佔據。發生突變時會佔據新位置。隨著代理人從一個位置消失並出現在其他位置，群體跨地景遷徙如同生命遊戲中的滑翔機。但個別生物並不演化；群體才會。

物種形成

演化理論表示天擇改變現有物種並建構新物種。在我們的模型中可看到改變但沒有看到新物種。此模型也不清楚新物種會像什麼樣子。

在有性繁殖的物種中，如果兩個生物個體能夠繁殖並產生可育的後代，則它們被認為是同一物種。但此模型中的代理人並不進行有性繁殖，因此這個定義不適用。

在細菌等無性繁殖的生物中，物種的定義沒有那麼明確。一般來說，群體的基因型組成集群則視為同一物種，也就是說群體中的基因差異較群體間的差異小。

設計產生新物種的模型前，我們必須能識別地景中的代理人群集，這表示我們需要位置間**距離**的定義。由於位置以位元陣列表示，我們將距離定義為位置間位元差異的數量。FitnessLandscape 有個 distance 方法：

```
# FitnessLandscape 類別

def distance(self, loc1, loc2):
    return np.sum(np.logical_xor(loc1, loc2))
```

logical_xor 函式計算 "exclusive OR"，位元不同為 True，位元相同為 False。

為了量化群體的分散，我們可以計算一對代理人之間的距離的平均值。這一章的 notebook 有個 MeanDistance 在每個時間步驟後計算此指標。

圖 11-5 顯示代理人間距離隨著時間進行的平均。由於我們從一致的突變開始，初始距離為 0。隨著突變的發生，平均距離增加，於群體跨地景遷徙時達到最大。

一旦代理人發現最佳位置，平均距離就會減少，直到人口達到平衡狀態，由於遠離最佳位置的代理人消失，因此突變導致的距離增加是透過減少距離來平衡的。在這些模擬中，平衡的平均距離接近 1；也就是說，大多數代理人離最優只有一個突變。

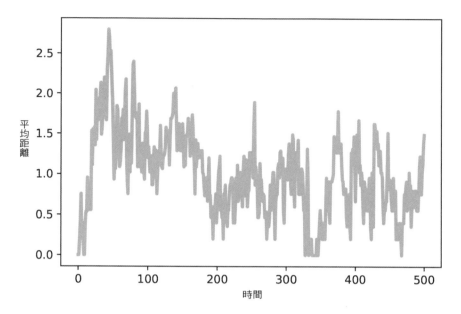

圖 11-5　隨著時間進行的代理人間平均距離

現在我們已經準備好檢視新物種。為設計簡單物種類型的模型，假設一個群體在不變的環境中演化直到穩定狀態（如同自然界中某些物種似乎在相當長的一段期間中改變很少）。

現在假設我們改變環境或將群體遷徙到新環境中。有些在舊環境中提高適存性的特徵可能在新環境中會降低適存性，反之亦然。

我們可以執行模擬直到群體達到穩定狀態，然後改變適存地景，繼續模擬直到群體再達到穩定狀態來設計這些情境的模型。

圖 11-6 顯示這種模擬的結果。我們從 100 個在隨機位置一致的突變開始，執行 500 個時間步驟的模擬。此時許多代理人位於最佳位置，其適存性接近 0.65。代理人的基因型組成群集，代理人間的平均距離接近 1。

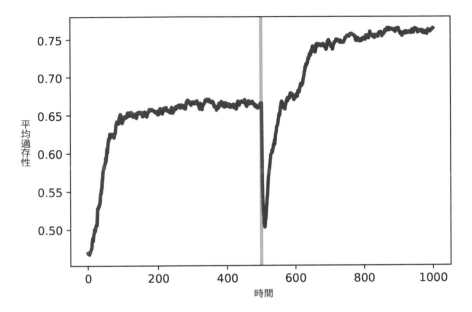

圖 11-6　隨著時間進行的平均適存性。我們在 500 個時間步驟後改變適存地景

500 個步驟後，我們執行 `FitnessLandscape.set_values` 改變適存地景；然後恢復模擬。平均適存性如預期一樣較低，因為舊地景的最佳位置不會比新地景中的隨機位置好。

改變後，平均適存性隨著群體跨越新地景遷徙而再度提高，最終找到新的最佳位置，其適存性接近 0.75（碰巧是此例中的最高點，但不一定會如此）。

一旦群體達到穩定狀態，它組成新群集，代理人間的平均距離再次接近 1。

若計算改變前後的代理人位置距離，平均會超過 6。群集間的距離較群集中的代理人間的距離更大，因此我們可以將這些群集解釋成不同物種。

總結

我們看到了突變，加上差別生存與生殖，足以導致適存性提高、增加多樣性、與節點的物種形式。此模型並不真實；自然界中的演化更為複雜。相反的，它打算作為 "充分定理"；也就是說展現出此模型的特徵足以產生我們嘗試解釋的行為（見 *https://thinkcomplex.com/suff*）。

邏輯上，此 "定理" 並未證明自然界中的演化單獨由這些機制達成。但由於確實出現這種機制，我們可以合理認為它們在生物系統中對自然演化做出一些貢獻。

同樣的，此模型並未證明這些機制一定導致演化。但我們看到的結果很實在：幾乎所有模型都包含這些特徵——不完美的複製、多樣性、與差別生殖——產生演化。

我希望這個觀察能幫助澄清演化。觀察自然系統時，演化似乎很複雜。且由於我們主要看到演化的結果，只有稍微一見其過程，因此很難想像與相信。

但我們在模擬中看到整個過程而不只是結果。且透過產生演化的最小特徵——暫時忽略生物巨大的複雜性——我們可以看到演化意外的簡單與必然。

練習

這一章的程式碼在本書程式庫的 **chap11.ipynb** 中。開啟此 notebook、讀程式碼、執行。你可以使用此 notebook 進行這一章的練習。我的答案放在 **chap11soln.ipynb**。更多使用資訊見第 xi 頁的 "使用程式碼"。

練習 *11-1*

notebook 中 的 差 別 生 殖 與 生 存 是 分 開 的。 合 在 一 起 會 怎 樣？ 撰 寫 使 用 **SimWithDiffSurvival** 的 **choose_dead** 與 **SimWithDiffReproduction** 的 **choose_replacements** 的 **SimWithBoth** 類別。平均適存性有更快的提高嗎？

作為一個 Python 的挑戰，你是否能不複製程式碼來寫出此類別？

練習 *11-2*

在第 155 頁 "物種形成" 一節改變地景時，被佔位置的數量與平均距離通常會提高，但此效應不一定夠大而明顯。嘗試一些不同的隨機種子以檢視此效應有多普遍。

## 第十二章

合作演化

這一章討論兩個問題，一個是生物學而另一個是哲學：

- 在生物學中，"利他主義問題" 是物競天擇與許多動物幫助其他動物，甚至犧牲自己的利他主義間明顯的衝突。見 *https://thinkcomplex.com/altruism*。

- 道德哲學對人類性本善、性本惡、或由環境塑造提出問題。見 *https://thinkcomplex.com/nature*。

我解決這些問題的工具（又）是代理人基模擬與描述代理人互動方式的一組抽象模型的博弈論，更明確的說是囚徒困境。

囚徒困境

囚徒困境是博弈論的一個主題，但不是有趣的遊戲而是探索人類的動機與行為的一種遊戲理論。下面是維基網頁的說明（*https://thinkcomplex.com/pd*）：

> 兩名犯罪幫派分子被逮捕後分開關押且無法互通訊息。檢方沒有主要罪證但有次要罪證。檢方同時向他們提出認罪協議。每個犯人有兩個選項：（1）背叛並指認對方，或（2）與對方合作保持緘默。協議是：
>
> - 若 A 與 B 都背叛則每個人服刑 2 年。
> - 若 A 背叛 B 但 B 保持緘默則釋放 A 而 B 服刑 3 年（反之亦然）。
> - 若 A 與 B 都緘默則每個人服刑 1 年（次要罪刑）。

很明顯這是設計的情境，但它是要表示代理人必須選擇"合作"或"背叛"，以及根據對方的選擇受到獎勵（或懲罰）的各種互動。

在這種懲罰條件下，很容易覺得玩家應該合作，也就是都保持緘默。但代理人不知道對方會怎麼做，因此都必須考慮兩種結果。首先是從 A 的角度來看：

- 若 B 緘默，則 A 最好背叛；他會被釋放而無需服刑 1 年。

- 若 B 背叛，則 A 最好也是背叛；僅需服刑 2 年而非 3 年。

無論 B 怎麼做，A 最好背叛。由於遊戲是對稱的，此分析適用於 B：無論 A 怎麼做，B 最好背叛。

在此遊戲的最簡單版本中，我們假設 A 與 B 沒有其他考量。他們不能通訊，因此無法協商、做出承諾、或威脅對方。他們只考量最短刑期；不考慮其他因素。

在這種假設下，雙方合理的選擇是背叛。這可能不錯，至少對司法來說是如此。但對囚徒來說很糟糕，因為明顯無法獲得他們雙方都想要的結果。這個模型適用於真實世界中，合作對大家都比較好的情境。

研究這些情境與脫困辦法是研究博弈論的人主要的焦點，但並非這一章的重點。我們的方向不一樣。

善意的問題

從 1950 年代開始討論囚徒困境以來，它就是社科哲學的主要研究議題。根據前面的分析，我們可以知道完全理性的代理人**應該**怎麼做；預測真人實際上會怎麼做則很困難。幸好實驗已經完成了[1]。

若我們假設人們都知道如何分析（或經過說明而理解）且以自身利益行動，我們預期全部都會背叛。但事實並非如此。在大部分的實驗中，對象合作較理性代理人模型預測的高很多[2]。

1　最近的實驗報告：Barreda-Tarrazona, Jaramillo-Gutiérrez, Pavan, and Sabater-Grande, "Individual Characteristics vs. Experience: An Experimental Study on Cooperation in Prisoner's Dilemma", *Frontiers in Psychology*, 2017; 8: 596. *https://thinkcomplex.com/pdexp*。

2　總結以上討論的影片見 *https://thinkcomplex.com/pdvid1*。

最明顯的解釋是人們並非理性代理人，對此應該沒有人會感到意外。但為什麼不是？都不夠聰明而不能理解此情境，或知道這樣做會違反自己的利益但還是做了？

根據實驗結果，似乎部分解釋單純的是因為利他主義：許多人願意損害自己以圖利他人。在你提出結論前先讓我們繼續問為什麼：

- 為什麼人會幫助他人，甚至是犧牲自己？部分原因是因為他們想要這麼做；這會讓他們感覺良好。

- 為什麼善意會讓人感覺良好？你可能會想說是教養好或被社會訓練出來的。但還是有一部分利他主義是天生的懷疑；利他主義的傾向是正常大腦發育的結果。

- 呃，為什麼會是這樣？腦部發育的先天部分與後來的人格發展都是基因資訊的結果。當然，基因與利他主義間的關係很複雜；或許有許多基因與環境因素的互動，導致人們在不同狀況下有更多或更少的利他傾向。無論如何，幾乎可以確定基因讓人傾向利他。

- 最後，為什麼會是這樣？若天擇下的動物持續競爭生存與繁殖，很明顯利他主義適得其反。若人口中有些人幫助他人甚至是犧牲自己，而有些人純粹自私，似乎自私者會得利而利他者會受損，則利他主義的基因會朝向滅絕。

這種明顯的矛盾就是 "利他主義問題"：為什麼利他主義基因沒有死光？

生物學家間有許多可能的解釋，包括互利、性選擇、親屬選擇、與集體選擇。非科學家則有更多解釋。其他說法留給你自行研究；我打算只專注於一種可能是最簡單的解釋：或許利他主義是自適應。換句話說，或許利他主義基因讓人更有可能生存與繁殖。

囚徒困境反映的利他主義問題也可能對解決它有幫助。

囚徒困境競賽

University of Michigan 政治學家 Robert Axelrod 於 1970 年代後期組織了一個競賽以比較囚徒困境（PD）遊戲的策略。

他邀請參賽者以電腦程式的形式提交策略，然後進行對抗並記錄分數。具體的說，他們進行 PD 的循環賽，代理人與同一個對手進行多輪比賽，因此可基於歷史做決定。

在 Axelrod 的競賽中,一個稱為 "以牙還牙(tit for tat,TFT)" 的簡單策略的表現意外的好。TFT 在第一輪總是合作;此後,它複製對手在前一輪的做法。若對手持續合作則 TFT 持續合作。若對手背叛則 TFT 在下一輪背叛。但若對手回到合作則 TFT 也合作。

更多此競賽的資訊與為何 TFT 表現好的說明,見 *https://thinkcomplex.com/pdvid2* 的影片。

觀察競賽中表現好的策略,Axelrod 發現它們的共通點:

善意

此策略在第一輪進行合作,後續輪次中的合作與背叛次數通常差不多。

報復

永遠合作的策略的表現,不如對手背叛時進行報復的策略好。

寬恕

但是過於報復的策略往往會懲罰自己和對手。

不貪

有些最成功的策略很少比對手高分;它們的成功是因為對付各種對手的表現都還不差。

TFT 同時具有以上特徵。

Axelrod 的競賽對利他主義的問題提出部分、可能的答案:利他主義基因的普遍是因為它們自適應。某種程度上,許多社會互動可以用各種版本的囚徒困境做模型,一個透過報復和寬恕平衡的善意個體在各種情況下都表現得很好。

但 Axelrod 的競賽中的策略是由人所設計的;它們不會演化。我們必須考慮基因是否可以透過突變,成功的侵入採取其他策略的群體並抵抗後續突變的入侵,從而獲得善意、報復、寬恕基因。

模擬合作演化

《合作演化（*Evolution of Cooperation*）》是 Axelrod 討論囚徒困境競賽結果，與對利他主義問題的意義的第一本書的書名。之後，他與其他學者研究 PD 競賽的演化動力，也就是 PD 參賽者策略的分佈如何隨時間而變化。這一章接下來會執行其中一個版本的實驗並展示結果。

首先，我們需要一種方式將 PD 策略編碼為基因型。對這項實驗，我的策略是讓代理人在每一輪的選擇只依靠對手前兩輪的選擇。我以對應對手前兩輪選擇與下一個選擇的字典表示策略。

下面是這些代理人的類別定義：

```
class Agent:

    keys = [(None, None),
            (None, 'C'),
            (None, 'D'),
            ('C', 'C'),
            ('C', 'D'),
            ('D', 'C'),
            ('D', 'D')]

    def __init__(self, values, fitness=np.nan):
        self.values = values
        self.responses = dict(zip(self.keys, values))
        self.fitness = fitness
```

keys 是代理人字典的鍵，('C', 'C') 數組代表對手前兩輪合作；(None, 'C') 代表只玩了一輪且對手合作；(None, None) 代表還沒玩過。

__init__ 方法中的 values 是一系列的選擇，以 'C' 或 'D' 對應 keys。若 values 的第一個元素是 'C'，則表示此代理人會在第一輪合作。若最後一個元素為 'D'，如果對手前兩輪背叛則代理人會背叛。

在此實作中，永遠會背叛的代理人的基因型是 'DDDDDDD'；永遠會合作的基因型是 'CCCCCCC'，而 TFT 的基因型是 'CCDCDCD'。

Agent 類別有個 copy 以相同基因型複製另一個代理人，但可能有一些突變：

```python
def copy(self, prob_mutate=0.05):
    if np.random.random() > prob_mutate:
        values = self.values
    else:
        values = self.mutate()
    return Agent(values, self.fitness)
```

突變的方式是隨機翻轉基因型的 'C' 或 'D'：

```python
def mutate(self):
    values = list(self.values)
    index = np.random.choice(len(values))
    values[index] = 'C' if values[index] == 'D' else 'D'
    return values
```

有了代理人，接下來需要競賽。

競賽

Tournament 類別封裝 PD 競爭的細節：

```python
payoffs = {('C', 'C'): (3, 3),
           ('C', 'D'): (0, 5),
           ('D', 'C'): (5, 0),
           ('D', 'D'): (1, 1)}

num_rounds = 6

def play(self, agent1, agent2):
    agent1.reset()
    agent2.reset()

    for i in range(self.num_rounds):
        resp1 = agent1.respond(agent2)
        resp2 = agent2.respond(agent1)

        pay1, pay2 = self.payoffs[resp1, resp2]

        agent1.append(resp1, pay1)
        agent2.append(resp2, pay2)

    return agent1.score, agent2.score
```

payoffs 是對應代理人的選擇與獎勵的字典。舉例來說,若兩個代理人都合作,則各得 3 分。若一個背叛一個合作,則背叛得 5 分而合作得 0 分。若都背叛則各得 1 分。這是 Axelrod 用於競賽的獎勵制度。

play 方法執行多輪 PD 遊戲。它使用下列 Agent 類別的方法:

reset

　　在第一輪前將代理人初始化,重置分數與記錄。

respond

　　要求每個代理人根據對手之前的回應進行回應。

append

　　儲存每個代理人的選擇並累計分數。

在指定輪數後,play 回傳每個代理人的總分。我選擇 num_rounds=6,使基因型的每個元素以接近的頻率存取過。第一個元素只在第一輪存取,或說是六分之一。下兩個元素只在第二輪存取,或說是各十二分之一。最後四個元素六次取四個,平均六分之一。

Tournament 有個 melee 方法決定哪些代理人對戰:

```python
def melee(self, agents, randomize=True):
    if randomize:
        agents = np.random.permutation(agents)

    n = len(agents)
    i_row = np.arange(n)
    j_row = (i_row + 1) % n

    totals = np.zeros(n)

    for i, j in zip(i_row, j_row):
        agent1, agent2 = agents[i], agents[j]
        score1, score2 = self.play(agent1, agent2)
        totals[i] += score1
        totals[j] += score2

    for i in i_row:
        agents[i].fitness = totals[i] / self.num_rounds / 2
```

melee 輸入代理人清單，以決定代理人與相同鄰居或隨機配對代理人對戰的 randomize。

i_row 與 j_row 是配對的索引。totals 儲存每個代理人的總分。

我們在迴圈中選出兩個代理人、呼叫 play、更新 totals。最後我們計算每個代理人的平均分數、每一輪與每一個對手，並儲存結果到每個代理人的 fitness 屬性中。

模擬

這一章的 Simulation 類別是基於前面第 146 頁 "模擬一節"，唯一的差別在 __init__ 與 step。

下面是 __init__ 方法：

```
class PDSimulation(Simulation):

    def __init__(self, tournament, agents):
        self.tournament = tournament
        self.agents = np.asarray(agents)
        self.instruments = []
```

Simulation 物件帶有 Tournament 物件、一系列代理人、一系列 Instrument 物件（見第 148 頁 "演化的證據"）。

下面是 step 方法：

```
    def step(self):
        self.tournament.melee(self.agents)
        Simulation.step(self)
```

這個版本的 step 使用 Tournament.melee，它設定每個代理人的 fitness 屬性，然後它呼叫 Simulation 類別的 step 方法：

```
# Simulation 類別

    def step(self):
        n = len(self.agents)
        fits = self.get_fitnesses()

        # 看看誰死了
        index_dead = self.choose_dead(fits)
```

```
        num_dead = len(index_dead)

        # 以存活者的複製品取代死者
        replacements = self.choose_replacements(num_dead, fits)
        self.agents[index_dead] = replacements

        # 更新 instruments
        self.update_instruments()
```

Simulation.step 蒐集陣列中的代理人的適存性；然後它呼叫 choose_dead 來判斷哪個代理人死掉，並呼叫 choose_replacements 以決定複製哪個代理人。

我的模擬如第 151 頁 "差別生存" 一節一樣包含差別生存，但沒有差別生殖。細節見這一章的 notebook。練習之一是探索差別生殖的效應。

結果

假設從三個代理人開始：一個總是合作、一個總是背叛、一個採取 TFT 策略。以它們執行 Tournament.melee，合作者每一輪得 1.5 分、TFT 代理人得 1.9 分、背叛者得 3.33 分。此結果顯示 "總是背叛" 應該很快的成為支配策略。

但 "總是背叛" 有著自我毀滅的種子。若較善意的策略趨向滅絕，則背叛者就沒有人可以佔便宜。它們的適存性下降且容易被合作者入侵。

根據此分析很難預測系統的行為：它會穩定平衡，或在基因型地景中的不同點來回振盪？讓我們執行模擬來檢視！

我從 100 個總是背叛的相同代理人開始執行模擬 5000 步：

```
tour = Tournament()
agents = make_identical_agents(100, list('DDDDDDD'))
sim = PDSimulation(tour, agents)
```

圖 12-1 顯示平均適存性（使用第 148 頁"演化的證據"的 MeanFitness）。一開始的平均適存性是 1，因為背叛者相遇時每一輪只得到 1 分。

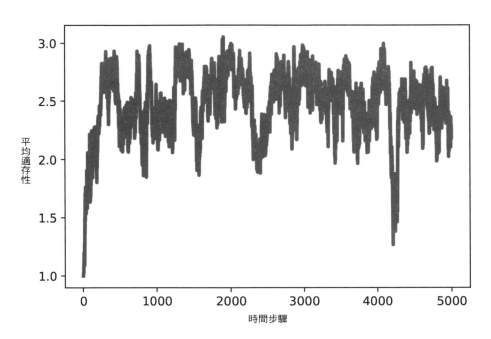

圖 12-1　平均適存性（囚徒困境每一輪的分數）

約 500 個步驟後，平均適存性提高到接近 3，等於合作者相遇的分數。但如我們懷疑的，此模擬不穩定。再 500 步後平均適存性掉到 2 以下，爬向 3，又持續振盪。

後面的模擬變化很大，但有一次大幅下降，平均適存性通常介於 2 至 3，長期平均接近 2.5。

這還不差！雖然不像平均每輪 3 分的合作烏托邦，但已經從永遠背叛的反烏托邦走了很遠。且它已經較我們預期的自私代理人的天擇好很多。

為更深入認識這種適存，讓我們再看看幾個工具。Niceness 在每個時間步驟後計算基因型中合作的比例：

```
class Niceness(Instrument):

    def update(self, sim):
        responses = np.array([agent.values
                                for agent in sim.agents])
        metric = np.mean(responses == 'C')
        self.metrics.append(metric)
```

responses 是每列一個代理人的陣列，每個元素一欄的 genome。metric 是跨代理人平均 'C' 元素的比例。

圖 12-2（左）顯示其結果：從 0 開始，平均善意度快速的提高到 0.75，然後在 0.4 與 0.85 間振盪，長期平均接近 0.65。同樣是很善意！

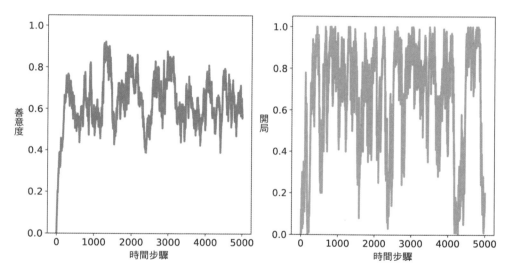

圖 12-2　人口中所有基因的平均善意度（左）與在第一輪合作的人口比例（右）

注意觀察開局，我們可以記錄代理人在第一輪合作的比例。下面是此工具：

```
class Opening(Instrument):

    def update(self, sim):
        responses = np.array([agent.values[0]
                                for agent in sim.agents])
        metric = np.mean(responses == 'C')
        self.metrics.append(metric)
```

圖 12-2（右）顯示激烈變化的結果。第一輪合作的代理人的比例通常接近 1，有時接近 0。長期平均接近 0.65，類似普遍善意度。這些結果與 Axelrod 的競賽是一致的；一般來說，善意策略表現不錯。

Axelrod 發現的另外一個成功策略的特徵是報復與寬恕。為評估報復，我定義了這個工具：

```
class Retaliating(Instrument):

    def update(self, sim):
        after_d = np.array([agent.values[2::2]
                                for agent in sim.agents])
        after_c = np.array([agent.values[1::2]
                                for agent in sim.agents])
        metric = np.mean(after_d=='D') - np.mean(after_c=='D')
        self.metrics.append(metric)
```

Retaliating 比較所有基因中代理人在對手背叛後背叛（元素 2、4、6）的元素數量，與對手合作後代理人背叛的位置的數量。如你現在所預期的，結果的變化很大（圖見 notebook）。這些比例的差異平均小於 0.1，因此若代理人在對手合作後有 30% 的背叛，它們可能在背叛後有 40% 的背叛。

此結果對報復是成功的策略提出弱支持。但不一定所有或多數代理人都得喜好報復；若整體中有些傾向報復則可以預防高背叛策略的興起。

為評估寬恕，我定義了另一個工具來檢視代理人在 D-C 兩輪後是否較 C-D 兩輪更可能合作。在我的模擬中沒有證據顯示這種類型的寬恕。另一方面，這些模擬中的策略一定是寬恕，因為它們只考慮前兩輪歷史。在這種情況下，忘記是一種寬恕。

結論

Axelrod 的競賽對利他主義提出一種可能的答案：或許善意，但不過分的善意，是自適應。但原始競賽中的策略是人而非演化設計的，而策略的分佈並沒有在競賽過程中改變。

這產生了一個問題：TFT 等策略可能在人為設計的固定人口數量下還不錯，但它們可以演化嗎？換句話說，它們是否可以透過突變出現在人口中、成功的與祖先競爭、並抵抗後代的入侵？

這一章的這個模擬表示：

- 背叛者群體容易被善意策略入侵。

- 太善良的群體容易被背叛者入侵。

- 因此，平均善意度來回振盪，但平均數量通常較高，且平均適存性通常較接近合作烏托邦而非背叛反烏托邦。

- 在 Axelrod 的競賽中成功的 TFT 策略在演化人口中似乎沒有特別好。事實上，或許沒有穩定的最佳策略。

- 某些程度的報復可能是自適應的，但不一定要全部代理人都得報復。若整體中有足夠的報復，則足以防止背叛者的入侵[3]。

很明顯，這些模擬中的代理人很簡單，而囚徒困境是有限社會互動的高度抽象化模型。無論如何，這一章的結果對人性提出了一些洞見。或許我們傾向合作、報復、寬恕至少在一定程度上是天性。這些特徵來自我們大腦的構造，而它至少在一定程度上由基因控制。或許我們的基因如此建構我們的大腦，是因為人類演化的歷史中，較少利他主義的基因比較不能傳播。

或許這是為什麼自私的基因要做出利他主義的大腦。

練習

這一章的程式碼在本書程式庫的 **chap12.ipynb** 中。開啟此 notebook、讀程式碼、執行。你可以使用此 notebook 進行這一章的練習。我的答案放在 **chap12soln.ipynb**。更多使用資訊見第 xi 頁的"使用程式碼"。

練習 *12-1*

這一章的模擬依靠我任意選擇的條件與參數。作為一個練習，我鼓勵你探索其他條件以觀察會有什麼效應。下面是一些建議：

1. 改變初始條件：相較於從全背叛開始，嘗試全合作、全 TFT、或隨機代理人。

3　這在博弈論中引發了全新的主題：搭便車問題（見 *https://thinkcomplex.com/rider*）。

2. 在 Tournament.melee 中，每個步驟開始時將代理人洗牌，因此每個代理人對抗兩個隨機選擇的代理人。若不洗牌會怎樣？在這種情況下，每個代理人重複對抗相同的鄰居。這會讓少數策略利用區域性更容易入侵多數。

3. 由於代理人只對抗另外兩個代理人，每一輪的結果變化很大：一個能夠很好地對抗大多數其他代理人的代理人在任何一輪比賽中都可能會發生不幸，或者相反。若增加每個代理人在每輪比賽中對手的數量會發生什麼事？或者，若代理人在每個步驟結束時的適存性是其當前得分與上一輪結束時的適應度的平均值會怎樣？

4. 我為 prob_survival 選擇 0.7 到 0.9 間的值，因此 p=0.7 的低適存代理人平均存活 3.33 個時間步驟，而高適存代理人存活 10 個時間步驟。若增減差別生存的"侵略性"會怎樣？

5. 我選擇 num_rounds=6 使每個基因元素在對戰中有差不多的結果。但它低於 Axelrod 使用的值。提高 num_rounds 會發生什麼事？注意：若要探索這個參數的效應，你可能需要修改 Niceness 以評估基因最後 4 個元素的善意度，它在 num_rounds 提高時選擇壓力會更大。

6. 我的實作有差別生存無差別生殖。加入差別生殖會發生什麼事？

練習 *12-2*

在我的模擬中，群體永遠不會收斂到大多數人具有相同（可能是最佳的）基因型的狀態。這種結果有兩種可能的解釋：一種是沒有最優策略，因為每當人口由多數基因型佔主導地位時，這種情況就會為少數人提供入侵的機會；另一種可能性是突變率足夠高以維持多樣性的基因型。

為區分這些解釋，可嘗試降低突變率以查看發生的情況。或者，從隨機群體開始並在沒有突變的情況下運行，直到只有一個基因型存活。或者以突變執行直到系統達到穩定狀態；然後關閉突變並執行直到只有一個存活的基因型。在這些條件下普遍存在的基因型有哪些特徵？

練習 *12-3*

在我的實驗中的代理人是"反應式"的，因為它們在每輪中的選擇僅取決於對手在前幾輪中做了什麼。研究有考慮到代理人過去選擇的策略。這些策略可以區分那些會報復的對手與直接背叛的對手。

閱讀清單

下面列出與本書主題相關的選書，大部分都是為非技術讀者寫作的。

- Axelrod, Robert, *Complexity of Cooperation*, Princeton University Press, 1997.

- Axelrod, Robert, *The Evolution of Cooperation*, Basic Books, 2006.

- Bak, Per, *How Nature Works*, Copernicus (Springer), 1996.

- Barabási, Albert-László, *Linked*, Perseus Books Group, 2002.

- Buchanan, Mark, *Nexus*, W. W. Norton & Company, 2002.

- Dawkins, Richard, *The Selfish Gene*, Oxford University Press, 2016.

- Epstein, Joshua and Axtell, Robert, *Growing Artificial Societies*, Brookings Institution Press & MIT Press, 1996.

- Fisher, Len, *The Perfect Swarm*, Basic Books, 2009.

- Flake, Gary William, *The Computational Beauty of Nature*, MIT Press, 2000.

- Goldstein, Rebecca, *Incompleteness*, W. W. Norton & Company, 2005.

- Goodwin, Brian, *How the Leopard Changed Its Spots*, Princeton University Press, 2001.

- Holland, John, *Hidden Order*, Basic Books, 1995.

- Johnson, Steven, *Emergence*, Scribner, 2001.

- Kelly, Kevin, *Out of Control*, Basic Books, 2002.

- Kosko, Bart, *Fuzzy Thinking*, Hyperion, 1993.

- Levy, Steven, *Artificial Life*, Pantheon, 1992.

- Mandelbrot, Benoit, *Fractal Geometry of Nature*, Times Books, 1982.

- McGrayne, Sharon Bertsch, *The Theory That Would Not Die*, Yale University Press, 2011.

- Mitchell, Melanie, *Complexity: A Guided Tour*, Oxford University Press, 2009.

- Waldrop, M. Mitchell, *Complexity: The Emerging Science at the Edge of Order and Chaos*, Simon & Schuster, 1992.

- Resnick, Mitchell, *Turtles, Termites, and Traffic Jams*, Bradford, 1997.

- Rucker, Rudy, *The Lifebox, the Seashell, and the Soul*, Thunder's Mouth Press, 2005.

- Sawyer, R. Keith, *Social Emergence: Societies as Complex Systems*. Cambridge University Press, 2005.

- Schelling, Thomas, *Micromotives and Macrobehaviors*. W. W. Norton & Company, 2006.

- Strogatz, Steven, *Sync*, Hachette Books, 2003.

- Watts, Duncan, *Six Degrees*, W. W. Norton & Company, 2003.

- Wolfram, Stephen, *A New Kind Of Science*, Wolfram Media, 2002.

索引

※ 提醒您：由於翻譯書排版的關係，部份索引名詞的對應頁碼會和實際頁碼有一頁之差。

關於作者

Allen B. Downey 是 Olin College 的電腦科學教授，著有《*Think Python*｜學習程式設計的思考概念》、《*Think Bayes*》、《*Think Complexity*｜複雜性科學與計算模型設計》。他的部落格 Probably Overthinking It 的內容涵蓋貝氏機率與統計。Allen 具有 U.C. Berkeley 的電腦科學 Ph.D. 以及 MIT 的 M.S. 與 B.S. 學位。他與妻子和兩個女兒住在波士頓。

出版記事

本書封面上的動物是黑鷹（*Ictinaetus malayensis*），是其屬中唯一的物種。它們生存於亞洲熱帶地區，即緬甸、印度、中國南部、台灣、馬來半島的部分地區。這些鷹喜歡樹木繁茂的山地地形，棲息和在樹林中建造大型巢穴（3 到 4 英尺寬）。

這些鳥有黑色的羽毛（正如它們的俗名所示；但幼鷹是深褐色），黃色的腳和短彎曲的喙。黑鷹是大型鳥類，平均長 2 至 3 英尺，翼展 5 英尺。這種鳥的特點不僅在於它們的顏色和大小，還在於它們在樹冠上移動的緩慢滑行速度。

繁殖季節發生在 11 月至 5 月的某個時間（取決於維度）。黑鷹會進行陡峭俯衝的空中展示，然後進行高速上升。交配時會在樹叢中相互追逐。它們通常一次只能產一個或兩個蛋。黑鷹的食物由小型哺乳動物（從地面捕獲）以及較小的鳥類和蛋類組成。

事實上，黑鷹是貪婪的巢掠食者，並且具有獨特的狩獵習慣——撿起整個獵物巢並將雞蛋或雛鳥帶到自己的棲息地以便以後食用。由於黑鷹的爪子比其他猛禽的彎曲度要小，所以較其他獵食鳥類更容易辦到。

O'Reilly 書籍封面上的許多動物都面臨瀕臨絕種的危機；牠們都是這個世界重要的一份子。如果想瞭解您可以如何幫助牠們，請拜訪 *animals.oreilly.com* 以取得更多訊息。

封面圖畫出自 *Meyers Kleines Lexicon*。

Think Complexity｜複雜性科學與計算模型設計第二版

作　　　者：Allen B. Downey
譯　　　者：楊尊一
企劃編輯：蔡彤孟
文字編輯：王雅雯
設計裝幀：陶相騰
發　行　人：廖文良

發　行　所：碁峰資訊股份有限公司
地　　　址：台北市南港區三重路 66 號 7 樓之 6
電　　　話：(02)2788-2408
傳　　　真：(02)8192-4433
網　　　站：www.gotop.com.tw
書　　　號：A593
版　　　次：2018 年 11 月初版
建議售價：NT$520

商標聲明：本書所引用之國內外公司各商標、商品名稱、網站畫面，
其權利分屬合法註冊公司所有，絕無侵權之意，特此聲明。

版權聲明：本著作物內容僅授權合法持有本書之讀者學習所用，非
經本書作者或碁峰資訊股份有限公司正式授權，不得以任何形式複
製、抄襲、轉載或透過網路散佈其內容。
版權所有 ● 翻印必究

國家圖書館出版品預行編目資料

Think Complexity：複雜性科學與計算模型設計 / Allen B. Downey
　　原著；楊尊一譯. -- 初版. -- 臺北市：碁峰資訊, 2018.11
　　　面；　　公分
　　譯自：Think Complexity : complexity science and
computational modeling, 2nd Edition
　　ISBN 978-986-476-970-4(平裝)
　　1.Python(電腦程式語言)
312.32P97　　　　　　　　　　　　　　　　　107019327

讀者服務

● 感謝您購買碁峰圖書，如果您
對本書的內容或表達上有不清
楚的地方或其他建議，請至碁
峰網站：「聯絡我們」\「圖書問
題」留下您所購買之書籍及問
題。(請註明購買書籍之書號及
書名，以及問題頁數，以便能
儘快為您處理)
http://www.gotop.com.tw

● 售後服務僅限書籍本身內容，
若是軟、硬體問題，請您直接
與軟體廠商聯絡。

● 若於購買書籍後發現有破損、
缺頁、裝訂錯誤之問題，請直
接將書寄回更換，並註明您的
姓名、連絡電話及地址，將有
專人與您連絡補寄商品。